Ophélia Weber

Ethologische Untersuchungen im Melkstand

Ophélia Weber

Ethologische Untersuchungen im Melkstand

Ein Vergleich zwischen Gruppen- und Einzelmelkständen

Reihe Realwissenschaften

Impressum / Imprint

Bibliografische Information der Deutschen Nationalbibliothek: Die Deutsche Nationalbibliothek verzeichnet diese Publikation in der Deutschen Nationalbibliografie; detaillierte bibliografische Daten sind im Internet über http://dnb.d-nb.de abrufbar.

Alle in diesem Buch genannten Marken und Produktnamen unterliegen warenzeichen-, marken- oder patentrechtlichem Schutz bzw. sind Warenzeichen oder eingetragene Warenzeichen der jeweiligen Inhaber. Die Wiedergabe von Marken, Produktnamen, Gebrauchsnamen, Handelsnamen, Warenbezeichnungen u.s.w. in diesem Werk berechtigt auch ohne besondere Kennzeichnung nicht zu der Annahme, dass solche Namen im Sinne der Warenzeichen- und Markenschutzgesetzgebung als frei zu betrachten wären und daher von jedermann benutzt werden dürften.

Bibliographic information published by the Deutsche Nationalbibliothek: The Deutsche Nationalbibliothek lists this publication in the Deutsche Nationalbibliografie; detailed bibliographic data are available in the Internet at http://dnb.d-nb.de.

Any brand names and product names mentioned in this book are subject to trademark, brand or patent protection and are trademarks or registered trademarks of their respective holders. The use of brand names, product names, common names, trade names, product descriptions etc. even without a particular marking in this works is in no way to be construed to mean that such names may be regarded as unrestricted in respect of trademark and brand protection legislation and could thus be used by anyone.

Coverbild / Cover image: www.ingimage.com

Verlag / Publisher:
AV Akademikerverlag
ist ein Imprint der / is a trademark of
OmniScriptum GmbH & Co. KG
Heinrich-Böcking-Str. 6-8, 66121 Saarbrücken, Deutschland / Germany
Email: info@akademikerverlag.de

Herstellung: siehe letzte Seite /
Printed at: see last page
ISBN: 978-3-639-49051-0

Inhaltsverzeichnis

Abbildungsverzeichnis

Tabellenverzeichnis

Abkürzungen und Einheiten

Abb.	Abbildung
AMS	Automatisches Melksystem
ATM	Autotandem-Melkstand
ART	Agroscope Reckenholz-Tänikon
Bsp.	Beispiel
ca.	circa
E-MS	Einzelmelkstand
et al.	und andere
etc.	et cetera, und so weiter
FGM	Fischgräten-Melkstand
G-MS	Gruppenmelkstand
HE	Melkstand-Hersteller
kg	Kilogramm
KPB	Kein-Problem-Betrieb
m	Meter
mA	Milliampère
m/s	Meter pro Sekunde
max.	maximal, Maximalwert
min.	minimal, Minimalwert
min	minimum
n1	Anzahl Fokustiere Verhaltensparameter
n2	Anzahl Fokustiere Eintreten abends
n3	Anzahl Fokustiere Eintreten morgens
MZ	Melkzeug
PB	Problem-Betrieb
sec	Sekunde
Tab.	Tabelle
z. B.	zum Beispiel
°C	Grad Celsius
%rF	% relative Luftfeuchte

1 Einleitung

Die Milchproduktion ist der wichtigste Betriebszweig der Schweizer Landwirtschaft. Die für die Wirtschaftlichkeit wesentliche Komponente ist somit die Milchleistung der Kuh. Die Ziele der Automatisierung der Milchproduktion sind vor allem die Verbesserung des Wohlbefindens der Kühe, der Arbeitsbedingungen für den Milchviehhalter, der Qualität der Milch- und Milchprodukten, des Umweltschutz und die Kosten der Milchproduktion zu senken (GRAVERT 1988; SCHÖN et al. 1997). Die Grundlage für eine effiziente Milchproduktion sind demzufolge langlebige und gesunde Kühe gekoppelt mit geringen Kosten.

Artikel 3 der Schweizer Tierschutzverordnung besagt: „Tiere sind so zu halten, dass ihre Körperfunktionen und ihr Verhalten nicht gestört werden und ihre Anpassungsfähigkeit nicht überfordert wird." „Fütterung und Pflege sind angemessen, wenn sie nach dem Stand der Erfahrung und den Erkenntnissen der Physiologie, Verhaltenskunde und Hygiene den Bedürfnissen der Tiere entsprechen." Folglich sollte der Tierhalter jegliche Stresssituationen und Schmerzen für das Tier vermeiden.

Faktoren, die auf die Gesunderhaltung und das Wohlbefinden des Tieres starken Einfluss haben, sind zum Beispiel: Züchtung, Fütterung, Haltung, Management, Betreuung und Milchgewinnung.

Messbare Parameter, die auf ein Melkproblem hindeuten, können beispielsweise folgende sein: geringe Milchleistung, Eutererkrankungen, hohe Zellzahlen oder Milchejektionsstörungen. Ethologische Merkmale wie: unfreiwilliges Eintreten in den Melkstand, vermehrtes Koten und Harnen während des Melkens, Melkzeug schlagen, Melker treten, Trippeln, Schwanz einklemmen etc. können auf eine Problematik hindeuten. Das Verhalten ist daher ein wichtiges Merkmal für die Beurteilung der Tiergerechtheit von Melksystemen.

Sind keine morphologische, physiologische oder ethologische Schäden am Tier zu erkennen kann man davon ausgehen, dass der Tierhalter keine Defizite zu verzeichnen hat (RICHTER, 2006).

Trotz normgerecht installierter Melkanlagen wird in der Praxis dennoch beobachtet, dass es im Melkstand zu Verhaltensänderungen kommt. Die Ursachen hierfür können vielseitig sein: Melkstandgestaltung, Gewicht des Melkzeugs, Verhalten des

Melkers, Lärm, Vibrationen etc. Ebenso können elektrische Immissionen das Wohlbefinden der Kühe beeinflussen. Landwirte, deren Betrieb sich beispielsweise in unmittelbarer Nähe von Mobilfunksendeanlagen befindet, bemerken ein auffälliges Verhalten bei ihren Kühen (WENZEL, 2002).

Eine Umfrage der Forschungsanstalt Agroscope Reckenholz-Tänikon ART im Jahr 2009 ergab, dass 21% der befragten Milchviehbetriebe ihre Melkprobleme auf elektrische Immissionen zurückführen (SAVARY et al., 2010).

Ziel dieser Arbeit war es, sowohl das Verhalten der Milchkühe in Einzel-und Gruppenmelkständen zu untersuchen, als auch in Melkständen, in denen Melkprobleme bekannt waren.

2 Kenntnisstand

2.1 Sozialverhalten

Das Rind lebt von Natur aus in einer Herdengröße von 20-30 Tieren, (BOGNER, 1984) in welcher eine feste Rangordnung besteht, die von Alter, Körpergröße und Temperament abhängig ist (SAMBRAUS 1978, 2002; BOGNER und GRAUVOGL 1984). Das Rind erkennt bis zu 80 Tiere (SAMBRAUS et al., 2002) und bevorzugt eine Sozialdistanz von 0,5m bis 5,0m (PORZIG, 1969).

Unter Rindern existieren Dominanzbeziehungen, bei denen immer zwei Rinder eine Freundschaft schließen. Ist ein Rind nicht in einer Herde eingegliedert gelangt es in eine Stresssituation und wird dadurch anfälliger für Faktorenkrankheiten. Nichtherdensynchrones Verhalten kann Angst als Ursache haben (RICHTER, 2006).

Der Organismus reagiert auf jede Veränderung mit einer entsprechenden Reizbeantwortung (SAMBRAUS, 1991). Arttypische Verhaltensweisen sind Körperstellungen, Bewegungen und Lautäußerungen (SAMBRAUS, 1997). Die Gesamtheit der Verhaltensweisen einer Art werden in einem Ethogramm dargestellt (SAMBRAUS, 1997).

Jede Tierart hat ein angeborenes Verhaltensmuster (TSCHANZ, 1984). Artspezifische angeborene Abläufe werden Instinkte genannt. Dabei wird auf einen bestimmten Reiz mit einer bestimmten Bewegung reagiert. Fehlen in der unmittelbaren Umgebung gewisse Impulse, kann es zu Leerlaufhandlungen, Ersatzhandlungen, Bewegungsstereotypien und Aggressivität kommen Lebewesen können sich zwar bis zu einem bestimmt Punkt anpassen, aber nur solange die normalen Lebensabläufe durch das Verhalten, der Physiologie und des Körperbaus gesichert ist. Ist die Grenze überschritten, sind Verhaltensstörungen und Schäden möglich (SAMBRAUS, 1991).

Normales und gestörtes Verhalten sind oft schwer zu definieren (BRUMMER, 1978). Eine Verhaltensstörung ist eine in Zusammenhang mit der Modalität, dem Ausmaß oder der Wiederholung wesentliche und andauernde Abweichung vom Normalverhalten wie beispielsweise veränderte Verhaltensabläufe, in der Frequenz stark von der Norm abweichendes Verhalten, Stereotypien, Apathie, Handlungen am leblosen Objekt (Stangenbeißen), lebenden Objekt (Artgenossen, fremde Arten, eigener Organismus) oder ohne Objekt. Nimmt das Tier eine andere Haltung ein oder bewegt sich anders ist das meist die Folge eines Traumas oder einer Organerkrankung. Auch die Erkrankung des Bewegungsapparates verändert den Bewegungsablauf. Die Ursachen können unter anderem Schmerzen, Infektionen oder nicht artgerechte Haltungsbedingungen sein (SAMBRAUS, 1997). Werden die Haltungsbedingungen dem Tier nicht angepasst, hat es Stress, zeigt Verhaltensänderungen und erkrankt (WEBSTER et al., 1983). In der Schweiz müssen deshalb bei einer serienmäßig hergestellten Stalleinrichtung die Anforderungen an eine tiergerechte Haltung erfüllt sein (WECHSLER und OESTER, 2003). Ein Bereich, in dem häufig Verhaltensstörungen vorkommen ist die Lokomotion. Hierzu gehören stereotype Bewegungen von Beinen beispielsweise. Eine leichte Verhaltensänderung kann abgestellt werden, indem die Ursache behoben wird (SAMBRAUS, 1997).

2.2 Mensch-Tier-Beziehung

Die Mensch-Tier-Beziehung hat einen großen Einfluss auf das Wohlergehen der Tiere und deren Leistung (HEMSWORTH und COLEMAN, 1998; HEMSWORTH, 2003). Eine gute Mensch-Tier-Beziehung kann Stress sogar mindern (HEMSWORTH et al. 1989, RUSHEN et al., 2001), Krankheitsanfälligkeit und Sterblichkeit verringern. Bei einem Experiment mit Küken wurde eine Gruppe freundlich angesprochen und die Kontrollgruppe auf die übliche vollmechanisierte Weise mit minimalem Kontakt zum Menschen aufgezogen. Die Krankheitsanfälligkeit und Sterblichkeit bei den freundlich betreuten Küken war um 60% geringer (GROSS und SIEGEL, 1982).

Das Verhalten der Kuh ist folglich stark vom Verhalten und Charakter des Melkers abhängig (SEABROOK, 1984; SEABROOK und WILKINSON, 2000; HEMSWORTH et al., 1999; WAIBLINGER, 2002; HEMSWORTH, 2003). Verhält sich das Personal eher neutral (moderate Handbewegungen, mäßige Stimmerhebung) treten bestimmte ethologische Parameter wie trippeln und treten während des Melkens häufiger auf (WAIBLINGER et al., 2002). Es wird ebenfalls vermehrt getrippelt, wenn die Kuh in Anwesenheit einer Person gemolken wird, die sich kurz zuvor unfreundlich ihr gegenüber verhalten hat (RUSHEN, 1999). Ein negatives Verhalten führt zu einer Minderung der Milchleistung (SEABROOK, 1984; BREUER et al., 1997; RUSHEN et al., 1999; PAJOR et al., 2000; HANNA et al., 2006). Findet zusätzlich ein häufiger Personalwechsel statt, kann dies bei Kühen zusätzliche Ängste auslösen und ebenfalls die Milchproduktion beeinflussen (WAIBLINGER et al., 2002 und 2003).

Je größer die Herde, desto geringer ist dementsprechend der Kontakt zwischen Mensch und Tier. Das Zusammentreffen beschränkt sich daher auf die Zeit während des Melkens; sofern auch diese Phase nicht automatisiert ist.

Verhaltensänderungen treten häufiger in den Phasen auf, in denen der Mensch direkten Kontakt zur Kuh hat, wie beispielshalber während des Melkens beim Euter reinigen und Melkzeug anlegen (HILLERTON et al., 2001, HAGEN et al., 2004).

Zeigt die Kuh vermehrte Beinbewegungen, ist es ein Zeichen für Beunruhigung (GRANDIN, 1983). Trippeln ist für HAGEN (2004) ein Zeichen von Unruhe. Trippeln und Treten soll das Temperament der Kuh widerspiegeln (LANIER et al., 2000).

2.3 Tierverhalten im Zusammenhang mit dem Melken

Verhaltensreaktionen können je nach Rasse (HAGEN, 2004) und Alter bzw. Erfahrung (EICHER et al., 2007) variieren. Ältere Kühe neigen dazu, den Melkstand vor Jüngeren zu betreten (JONES und OHNSTAD, 2002). Ranghohe Kühe befinden sich mit weiteren zwei oder drei Kühen am Eingang vor dem automatischen Melksystems. Rangmittlere oder Rangtiefe stehen alleine oder mit einer weiteren Kuh an (WENZEL, 1999). Das Melken zu Laktationsbeginn kann für Erstlaktierende stressvoller sein als für Kühe, die sich in einem späteren Laktationsstadium befinden (VAN REENEN, 2002). Nervöse Tiere zeigen generell mehr Verhalten (WENZEL et al., 2003). Die Verhaltensparameter Trippeln und Treten kommen bei Kühen sowohl während des Melkens als während des Saugens des Kalbes vor (WILLIS, 1983).

Manche Kühe bevorzugen außerdem eine bestimmte Melkstandseite. So können sie signifikant mehr Zeit zum Eintreten beanspruchen, wenn sie nicht auf der gewohnten Seite eintreten können (HOPSTER et al., 1997).

Ebenfalls ist die Bodenbeschaffenheit nicht zu vernachlässigen. Kühe bevorzugen generell weiche bzw. nachgiebige Böden (WANDEL, 1999) und bewegen sich auf rutschigen Böden vorsichtiger (WARD, 1990) Der Boden in einem Melkstand ist in der Regel aus Beton und feucht.

In bisherigen Studien wird oftmals das Verhalten von Kühen in automatischen Melksystemen untersucht und mit einem konventionellen System wie Tandem-Melkstand (WENZEL, 1999; HOPSTER, H. et al. 2002; WENZEL et al., 2003; NEUFFER, 2006; GYGAX et al., 2007) oder Fischgräten-Melkstand (HAGEN et al., 2004) verglichen.

Bei HAGEN (2004) wird im automatischen Melkstand weniger getrippelt und getreten als im Fischgräten-Melkstand. Bei WENZEL (1999) trippeln die Kühe im automatischen Melksystem beim Anrüsten signifikant und in der Haupt- und Schlussmelkphase sogar hochsignifikant häufiger. Treten kommt im automatischen Melkstand beim Anrüsten als auch in der Haupt- und Schlussmelkphase nicht-signifikant häufiger vor als im Autotandem-Melkstand (WENZEL, 1999).

Während des Melkzeug Ansetzens wird bei den Untersuchungen von HAGEN (2004) im automatischen Melksystem weniger getrippelt als bei NEUFFER (2006).

Folgende Tabellen zeigen vergleichende Werte aus der Literatur

Tabelle 1: Verhalten im ATM (Frequenz/Minute) während des Anrüstens und Melkens nach NEUFFER (2006)

	Preparation	Milking
Stepping	0,32±0,18	0,75±0,13
Foot-lifting	0,05±0,02	0,05±0,03
Kicking	0,02±0,02	0,02±0,02

Tabelle 2: Verhalten im FGM (Frequenz/Minute; Medianwerte) während des Anrüstens und Melkens nach HAGEN (2004)

	Clean-attach	main	last
Kicks with hind legs	ca. 0,75-1,25	ca.0-0,25	ca.0-0,1
Steps with hind legs	ca. 2-2,75	ca.1-2	ca. 1,2-2

Tabelle 3: Verhalten im ATM (Frequenz während der Melkphasen pro Kuh und pro Melkung) nach WENZEL (1999)

n=15	Anrüsten	Hauptmelkphase	Schlußmelkphase
Trippeln	0,43±0,39	0,54±0,30	0,04±0,12
Treten	0,27±0,32	0,36±1,03	0,166±0,28

Vermehrtes Koten, Harnen (HILLERTON et al., 2001) und Melkzeug schlagen wird im Melkstand mehrfach beobachtet (WENZEL, 1999; HILLERTON et al., 2001;) und wird unter anderem durch das Gewicht des Melkzeugs beeinflusst (HILLERTON et al., 2001).

NEUFFER (2006) teilt die Beobachtungen in verschiedene Bereiche ein (Tab. 4). Die Phase „admission time" ist die Zeitspanne von Torschließen bis Beginn der Euter-vorbereitungen. „Milking preparation time" ist die Phase zwischen der ersten Berüh-rung der Zitze durch den Melker oder des Melkzeugs bis zum vollständigen Anset-zen aller Melkbecher. Die Phase „milking time" bezeichnet die Melkdauer und be-ginnt mit dem Ansetzen und endet mit der Abnahme des letzten Melkbechers. Als „leaving time" wird die Phase zwischen dem Zeitpunkt der Abnahme des letzten Melkbechers, bis zum Moment, in welchem die Kuh den Melkstand mit ihrem letzten Bein verlässt, bezeichnet. Die Melkdauer „entire milking time" umfasst alle Zeitab-schnitte, also vom Eintreten, bis zum Verlassen des Melkstandes.

Tabelle 4: Definitionen und Beobachtungsphasen nach NEUFFER (2006).

Phase	Definition
Admission time	Time lag between the closing of the entrance gate and the onset of milking preparations (first tactile contact between animal and milking system or milker)
Milking preparation time	First tactile contact between animal and milking system or milker until successful attachment of all teat-cups
Milking time	End of teat-cup attachment until removal of the last teat cup
Leaving time	Removal of last teat cup until all four legs are outside the milking stall
Entire milking time	Entering + Preparation + Milking + Leaving

Bei HOPSTER et al. 2002 gibt es beim Vergleich zwischen dem AMS und dem ATM keinen Unterschied in der Häufigkeit des Trippelns während des Melkens wohinge-gen die Kühe bei WENZEL (2003) im AMS häufiger trippeln als im ATM.

WENZEL (1999) untersucht die Verhaltensweisen Trippeln, Treten und Melkzeug abschlagen und teilt die Beobachtungen zeitlich ebenfalls in die Phasen Anrüsten und Ansetzen, Melken und Schlussmelkphase ein.

2.4 Melkstand

Die Melkanlage sollte dem Betriebstyp, der Herdengröße, der Finanzierungsmöglichkeit und dem Platzbedarf entsprechend angepasst sein. Von einem Melkstand wird ein maximaler Durchsatz erwartet und er sollte sowohl tiergerecht sein, als auch ergonomische Arbeitsbedingungen für den Menschen gewähren. Grundsätzlich wird zwischen Gruppen- und Einzelmelkstand unterschieden. Beim Gruppenmelkstand, wie beispielsweise dem Fischgräten-Melkstand, sind die einzelnen Melkplätze nicht abgetrennt. Die Kühe stehen in einem Winkel zwischen 30° und 60° zur Melkgrube. Es wird von hinten gemolken und der Weg für den Melker ist kurz. Die langsamste Kuh bestimmt allerdings die Melkdauer der gesamten Gruppe (MARTENSSON, 1995). Der Einzelmelkstand wie zum Beispiel der Tandem-Melkstand erlaubt ein individuelles Ein- und Austreiben der Kühe. Die gute Übersicht von Kuh und Euter und ein gleichmäßiger Arbeitsablauf sind Vorteile dieses Melkstandtyps. Er ist bis zu einer Herdengröße von 60 Tieren geeignet (ORDOLFF et al., 2004). Es kann hierbei nicht zum Konkurrenzverhalten kommen und der Melkstand kann manuell oder vollautomatisch gesteuert werden. Die Nachteile sind die längeren Laufwege und Reinigungszeiten, der größere Platzbedarf und es müssen gegebenenfalls mehr Kühe nachgetrieben werden (LANDWIRTSCHAFTSKAMMER NIEDERÖSTERREICH, 2010). Weitere Melkstandarten sind beispielsweise der Durchtreiber, Side-by-Side oder das automatisches Melksystem. Je höher die Technisierung, desto größer die Zeiteinsparung und Arbeitserleichterung für den Melker und umso geringer der Kontakt zum Tier.

2.5 Melkprobleme

2.5.1 Melkroutine

Die Melkroutine ist ein wichtiger Aspekt in der Milchproduktion, da Melkfehler die Eutergesundheit und die Milchmenge stark beeinflussen können (JONES und OHNSTAND, 2002). Die häufigsten Melkfehler sind Stimulationsmängel (WORFSTORFF et al., 1997).

Allerdings kann auch nur mit einem gesunden Euter erfolgreich gemolken werden (KOHLER, 2011). Eutererkrankungen gehören zu den häufigsten Erkrankungen des Milchviehs (ROYAL et al., 2000), daher sollte eine gewisse Reihenfolge beim Melken zwingend eingehalten werden und darauf geachtet werden, dass gesunde Tiere zuerst gemolken werden WÜRKNER (2002). Wird die Reihenfolge nicht eingehalten, können Mastitiserreger während des Melkens leicht von Tier zu Tier übertragen werden. Frischlaktierende Kühe sollten nach JONES und OHNSTAND (2002) als erste gemolken werden und erkrankte Kühe zum Schluss (Tab.5). Die Hygiene im Melkstandbereich spielt ebenfalls eine große Rolle und beeinflusst den somatischen Zellgehalt signifikant KÖSTER (2004). Um Eutererkrankungen zu vermeiden sollte folglich zügig, hygienisch, schonend und vollständig gemolken werden.

Tabelle 5: Empfohlene Melkreihenfolge nach JONES und OHNSTAND (2002).

1	Frischlaktierende Kühe
2	Hochleistungskühe
3	Kühe mit mittlerer Leistung
4	Kühe mit niedriger Leistung
5	Mastitis erkrankte Kühe und solche, deren Milch verworfen werden muss

Das Melken gliedert sich generell in die Phasen Vorbereitungsphase, Melken, Ausmelken und Zitzendesinfektion (Tab.6).

Tabelle 6: Arbeitsschritte beim Melken: Einteilung in die verschiedene Melkphasen

Vorbereitung zum Melken	Vormelken mit Melkbecher
	Zitzenreinigung mit Einwegpapier (für jede Kuh ein frisches Papier)
	Anrüsten: zügig und trocken
Melken	Melkzeug an die trockene Zitze setzen
Ausmelken	Euter auf vollständige Entleerung überprüfen
	Melkzeug ohne Lufteinbruch abnehmen
Zitzendesinfektion	Desinfektion unmittelbar nach Abnahme des Melkzeugs

Quelle: Brönnimann-Baur R., (2007)

2.5.2 Milchejektionsstörungen

Die Milchejektion wird durch Stimulation des Euters in Form eines Reflexes ausgelöst. Am Hypothalamus wird ein Reiz gesetzt wodurch es in der Hypophyse zur Oxytocinausschüttung kommt. Das Oxytocin gelangt anschließend durch den Körperkreislauf in die Milchdrüse und bewirkt ein Zusammenziehen der Korbzellen, welches die Milch aus den Alveolen in die Milchgänge zur Euterzisterne gepresst. Übersteigt der zeitliche Abstand zwischen Reinigung (Stimulation) und dem eigentlichen Melken zwei Minuten, ist die Milchejektion unterbrochen und es dauert einige Zeit bis erneut Oxytocin freigesetzt werden kann (BRUCKMAIER, 2000). Überdies wirkt sich das negativ auf die Parameter des maschinellen Melkens aus, wenn die Anrüstzeit deutlich unter 60s liegt (KANSWOHL, 2007). Die optimale Anrüstdauer beträgt laut WEISS und BRUCKMAIER (2005) 90 Sekunden. Eine Zitzenstimulation unter 60 Sekunden führt zu einer Verringerung der Milchflussrate und zu einer Verlängerung der Haupt- und Nachmelkzeit (KANSWOHL et al., 2007). In den meisten Fällen wird bei schlechter Melkbarkeit Oxytocin verabreicht. Ist die Gabe regelmäßig zu hoch, kommt es zu einer Unempfindlichkeit des Euters und die Behandlung kann schwer abgebrochen werden (BRUCKMAIER, 2003). Laut BELO (2009) gibt es keinen Zusammenhang zwischen gestörter Milchabgabe und Rasse, Herdengröße oder Stallsystem, während das Melksystem einen geringen Einfluss auf schlechte Melkbarkeit ausübte. Obwohl es bei seinen Untersuchungen auf den Betrieben mit einem Fischgräten-Melkstand oder Side-by-Side Melkstand am meisten schlecht zu melkende Kühe gab, konnte dieser Effekt keinem speziellen Melksystem zugeordnet werden.

Treten bei erstlaktierenden Kühen nach der ersten Laktationswoche Milchejektionsstörungen auf, trennen sich laut einer Umfrage in der Schweiz 50% der Landwirte von dieser Kuh (BELO et al., 2009). Sowohl erstgebärende Kühe (BRUCKMAIER et al., 1992), als auch Kühe, die elektrischem Strom ausgesetzt sind, sind besonders von Milchejektionsstörungen betroffen (LEFCOURT und AKERS, 1982). Das Verhalten einzelner Tiere oder der ganzen Herde kann somit ein wichtiger Hinweis dafür sein, ob der Milchfluss gestört ist oder nicht (WORSTORFF et al. 2000).

2.5.3 Elektrische Immissionen

Sind Kühe beim Melken elektrischem Strom ausgesetzt, kann es die Milchproduktion, die Gesundheit und das Verhalten beeinträchtigen (HENKE et al., 1986). Die Verhaltensweise kann dabei ein wichtiger Indikator dafür sein, ob die Kuh gestresst ist (RUSHEN, 1995). Verhaltensreaktionen treten in der Regel ab einer Stromstärke über 2mA auf (HENKE et al, 1985, LEFCOURT 1982). Je nachdem wie stark der Reiz ist, zeigen die Kühe unterschiedliche Reaktionen Je höher die Stromstärke, desto größer ist die Reaktion (LEFCOURT et al., 1986). Die Reaktionen unterscheiden sich, je nachdem in welchem Laktationsstadium sich die Kühe befinden. Während Erstlaktierende das Melkzeug bereits bei 8V abschlagen, tritt diese Verhaltensweise bei älteren Kühen erst bei einer höheren Stromspannung auf. Bei einer niedrigeren Stromspannung gibt es keine signifikanten Unterschiede in der Melkdauer, der Milchleistung oder der Milchzusammensetzung. Abweichungen im Verhalten treten in Abhängigkeit davon auf, ob die Tiere entweder Gleich- oder Wechselstrom ausgesetzt sind. Bei Versuchen mit Gleichstrom, werden bei Erstlaktierenden bei einer Stärke von 5mA und bei älteren Kühen sogar bei einer Stärke von 8mA keine unerwünschten Verhaltensreaktionen erkannt. Allerdings sinkt die Melkdauer der Erstlaktierenden unter Einfluss von Gleichstrom (ANESHANSLEY et al., 1992).

3 Tiere, Material und Methode

3.1 Pilotversuch

Vor Beginn der Untersuchungen wurden im Melkstand der Forschungsanstalt in Tänikon und auf einem weiteren Betrieb Testversuche durchgeführt, bei denen es galt herauszufinden, in welcher Form die melkenden Kühe beobachtet werden sollen bzw. welche Parameter aus ethologischer und technischer Sicht untersucht werden können.

Anfangs wurden Direktbeobachtungen durchgeführt und mehr Parameter gewählt als im Hauptversuch. Es stellte sich heraus, dass eine zusätzliche Person im Melkstand die Kühe irritierte. Des Weiteren konnten nicht alle Parameter erfasst werden, da sie zusammen auftreten konnten.

Statt der Direktbeobachtung wurde die Aufzeichnung mittels zweier Kameras gewählt, deren richtige Fixierung und Positionierung getestet wurde, um möglichst viele Kühe beobachten zu können. Die Kameras wurden so installiert, dass sie weder den Melker in seinem Arbeitsablauf stören, noch die Kuh irritierten. Aufgrund der begrenzten Winkelweite der Kamera, konnte (vor allem im Tandem-Melkstand) nicht die gesamte Kuh erfasst werden, so dass lediglich die Parameter beobachtet wurden, die sich am hinteren Teil des Tierkörpers befinden. Die Parameter, die in der vorliegenden Arbeit fehlen sind das Wiederkauverhalten und die Augen-, Ohren- und Kopfstellung. Um diese Parameter untersuchen zu können ist eine Positionierung über dem Melkstand notwendig. Im Fischgräten-Melkstand erschwert die Aufstellung der Kühe (Kopf zur Wand gerichtet) zusätzlich die Kameraaufzeichnung.

3.2 Versuchsparameter

3.2.1 Beobachtungsphasen

Die Verhaltensbeobachtungen wurden in die Phasen „Warten", „Anrüsten" und „Melken" geteilt (Tab.7).

Die Phase „Warten" beginnt in den Einzelmelkständen, zum Zeitpunkt des Schließens der Melkbox. In den Fischgräten-Melkständen beginnt sie sobald die Kühe an ihrem Melkplatz stehen. Die Phase endet zum Zeitpunkt der Berührung der Zitze durch den Melker.

In der darauffolgenden Phase wurde das Verhalten während des Anrüstens beobachtet („Anrüsten"). Die Phase begann mit der ersten Berührung der Zitze durch den Melker und endete mit dem Ansetzen des letzten Melkbechers.

Die Phase „Melken" begann zum Zeitpunkt des Ansetzens des letzten Melkbechers und endete zum Zeitpunkt der Abnahme des Melkzeugs.

Des Weiteren wurde die Dauer des Eintretens in den Melkstand („Dauer Eintreten"), des Anrüstens („Dauer Anrüsten") und des Melkens („Dauer Melken") gemessen.

Tabelle 7: Einteilung der Beobachtungsphasen nach Warten, Anrüsten und Melken

Warten	Beginn: Die Kuh steht an ihrem Melkplatz / das Tor der Melkbox ist geschlossen
	Ende: erste Berührung der Zitze durch den Melker
Anrüsten	Beginn: erste Berührung der Zitze durch den Melker
	Ende: Ansetzen des ersten Melkbechers
Melken	Beginn: Ansetzen des ersten Melkbechers
	Ende: Abnahme des ersten Melkbechers

3.2.2 Ethologische Parameter

Als Parameter für die ethologischen Untersuchungen wurden das Fußheben, das Trippeln und das Melkzeug Schlagen gewählt (Tab. 8). Weiterhin wurden die Parameter „Schwanz Schlagen", „Schwanz einklemmen", „Wippen" (Hin- und Herbewegen des Hinterteils), „Koten" und „Harnen" beobachtet. Da diese aufgezählten Parameter aus dem Videomaterial schwer zu analysieren waren oder selten auftraten, wurden sie in der vorliegenden Arbeit nicht weiter berücksichtigt.

Tabelle 8: Ethogramm der untersuchten Parameter.

Parameter	Definition
Fußheben	Anheben eines Fußes, wobei der Fuß kurzzeitig keine Berührung mehr mit dem Boden hat
Trippeln	Rascher Wechsel von einem Hinterbein auf das andere, wobei der Fuß den Kontakt zum Boden verliert
MZ Schlagen	zielgerichtetes Schlagen des Hinterbeins in Richtung Melkeinheit, wobei das Melkzeug nicht abgeschlagen wird.

3.3 Betriebe und Tiere

3.3.1 Betriebe ohne Melkprobleme (KPB)

Die Adressen der Versuchsbetriebe mit Einzel- und Gruppenmelkständen in der Ost-Schweiz wurden von Händlern der Firmen DeLaval AG (Münchrütistr. 2, CH-6210 Sursee) und GEA Farm Technologies Suisse AG (Worblentalstr. 28, CH-3063 Ittigen) zur Verfügung gestellt, welche als Betriebe ohne Melkprobleme (KPB) eingeschätzt wurden. Von den Betrieben wurden zehn Betriebe zufällig ausgewählt (Tab. 9). Ein Betrieb (Betrieb L) wies im Durchschnitt eine Anzahl von über 250 000 somatischer Zellen aus und wurde im Nachhinein in die Gruppe Betriebe mit Melkproblemen (PB) eingestuft (Tab. 9). Nach Aussage des Betriebsleiters wurden elektrische Immissionen im Melkstand nachgewiesen.

Fünf Betriebe melkten ihre Kühe in einem Einzel-Melkstand (Tandem-Melkstand) und vier Betriebe in einen Gruppen-Melkstand (Fischgräten-Melkstand) (Tab. 9).

3.3.2 Betriebe mit Melkproblemen (PB)

Die für den Versuch ausgewählten Betriebe gaben an Probleme beim Melken zu haben. Dabei wurden unter unter Melkproblemen Verhaltensauffälligkeiten, Milchejektions- und (Euter-)Gesundheitsstörungen sowie Leistungsdepressionen verstanden. Die Betriebsleiter vermuteten als Ursache elektrische Immissionen, weswegen sie einen Fachmann kontaktierten, um den Melkstand überprüfen zu lassen. Anhand der vom Fachmann bereit gestellte Adressliste, wurden zufällig fünf Betriebe (J bis O) ausgesucht (Tab. 9), darunter zwei Betriebe mit einem Einzelmelkstand und vier Betriebe mit einem Gruppenmelkstand. Drei der Melkanlagen waren von der Marke DeLaval (DeLaval AG), eine von der Marke Surge (GEA Farm Technologies Suisse AG) und eine von der Marke SAC (Sacco-Farm). Die Problem-Betriebe befanden sich bis auf eine Ausnahme in der Westschweiz. Zum Zeitpunkt der Untersuchungen waren die elektrischen Immissionen noch nicht als Ursache bestätigt worden. Eine Überprüfung auf elektrische Immissionen erfolgte erst im Nachhinein.

Tabelle 9: Aufschlüsselung der Betriebe nach Betriebskategorie (KPB/PB), MS-Typ (E-MS/G-MS) , MS-HE, Anzahl Fokustiere

Kategorie	MS-Typ	Betrieb	MS-HE	Herden-größe	n1	n2	n3
KPB	E-MS	A	1	37	6	25	28
		B	2	32	9	15	15
		C	1	30	10	15	12
		D	1	26	4	28	29
		E	2	30	8	15	17
	G-MS	F	1	25	8	16	16
		G	2	41	10	22	23
		H	2	33	14	17	15
		I	1	28	10	14	15
PB	E-MS	J	2	40	10	34	36
		K	3	k.A	7	13	8
	G-MS	L	2	70	10	32	31
		M	2	20	11	20	19
		N	2	35	9	12	10
		O	4	60	7	32	41

MS-HE= 1= De Laval, 2= GEA, 3= Sacco, 4= Surge;
n1= Anzahl Fokustiere für Verhaltensparameter, n2= Anzahl Fokustiere Dauer abends, n3= Anzahl Fokustier Dauer morgens

3.5 Datenerhebung

3.5.1 Zeitraum der Datenerhebung

Die Erfassung der Daten erstreckte sich über einen Zeitraum von zwei Monaten und fand während je einer Abend- und der darauffolgenden Morgenmelkung auf unterschiedlichen Betrieben in der Schweiz statt. Die Untersuchungen der Betriebe ohne Melkprobleme wurden mehrheitlich vom 26.08.2009 bis 22.09.2009 durchgeführt, wogegen die Daten der Betriebe mit Melkproblemen, bis auf eine Ausnahme, vom 1. bis 15. Oktober erhoben wurden. Die Uhrzeiten der Untersuchungen richteten sich nach den Melkzeiten der jeweiligen Betriebe in einem Abstand von ca. 12 Stunden.

3.5.2 Begleitparameter

Die in den Melkständen während der ersten Untersuchungsperiode ermittelten Mittelwerte von Temperatur und relativer Luftfeuchtigkeit lagen bei 18,7°C und 91,6%. In der zweiten Erhebungsphase wurden Werte von 13,2°C und 82,8% relativer Luftfeuchtigkeit gemessen. Die Messwerte erfolgten mit einem Feuchte-/Temperaturlogger (testo 177-H1).

Zwei Kameras wurden am Nachmittag vor der Abendmelkung im Melkstand montiert. Während Kamera1 für die Ermittlung der Zeitspanne des Eintretens in den

Melkstand den Eingangsbereich des Melkstandes aufzeichnete, wurde von Kamera2 für die Erfassung der Verhaltensparameter zwei bis drei Melkplätze aufgenommen. Für den Parameter „Dauer Melkstand Eintreten", wurde der Zeitpunkt des Toröffnens erfasst und der Zeitpunkt, zu dem die Kuh mit dem ersten Fuß den Melkstandboden berührt. Die Verlegung der Kabel erfolgte nach Außen zum Aufzeichnungsgerät.

Es wurde an beiden Melkungen die gleichen Melkplätze gefilmt und später nur diejenigen Kühe ausgewertet, die zweimal aufgezeichnet wurden. Für die Unterscheidung der Kühe wurde die Transpondernummer notiert

Folgende Angaben wurden für die jeweiligen Betriebe erfasst:

- Tag der Aufnahmen
- Wetterverhältnisse: Regen oder Sonnenschein
- Baujahr der Melkanlage
- Länge und Breite des Melkplatzes
- Luftfeuchtigkeit im Melkstand vor und nach dem Melken
- Temperatur im Melkstand
- Anzahl der laktierenden Kühe
- Milchleistung in kg
- Zellzahlen

Für die Grössenangaben des Tandem-Melkstandes wurden die Länge und Breite der Melkbox gemessen. Im Fischgräten-Melkstand (30° -Winkel) wurde hingegen die Länge und Breite von einer Melkstandseite gemessen.

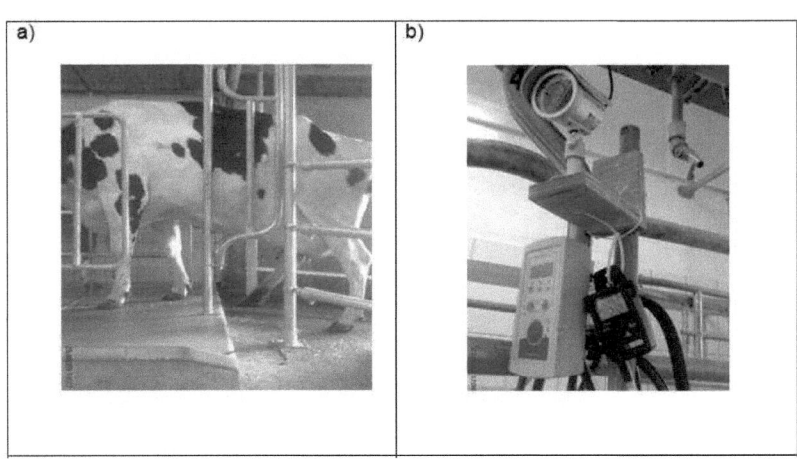

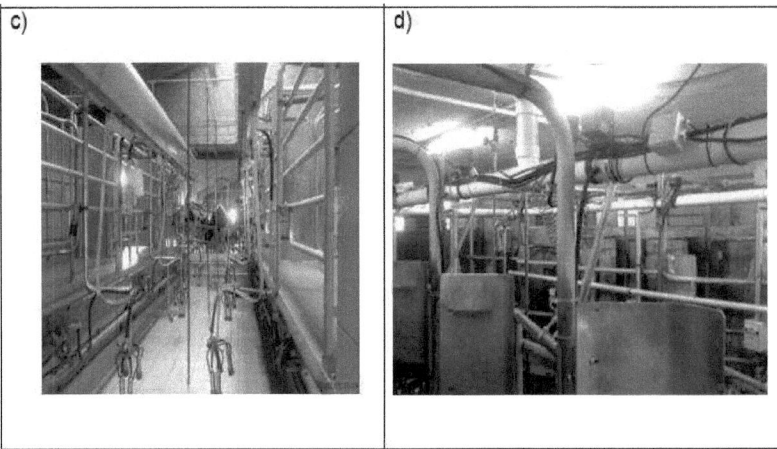

Abb. 1 : Melkstandbeispiele, Material und Kameraposition a) Dauer Melkstand Eintreten b) Kamera und Feuchte-/Temperaturlogger) Melkstand Baujahr 2009 d) Melkstand Baujahr 1993

3.6 Datenauswertung

3.6.1 Videoanalyse

Die Auswertung der Aufnahmen erfolgte im Oktober und November 2009. Anhand der Videoaufzeichnungen wurden die Häufigkeit des Auftretens der beobachteten Parameter und die Zeitspannen von „Melkstand Eintreten", „Anrüsten" und Melken" in eine Excel-Tabelle *(siehe Anhang)* eingetragen. In den Phasen „Warten" und „Anrüsten" wurden die Häufigkeit und in der Phase „Melken" die Häufigkeit des Auftretens pro Minute ermittelt.

Die Daten wurden nach 2 Hauptgruppen mit jeweils zwei Untergruppen ausgewertet.

Die erste Hauptgruppe umfasst die Betriebe ohne Melkprobleme (KPB) und die zweite Gruppe Betriebe mit Melkproblemen (PB). Die jeweilige weitere Unterteilung erfolgt nach Melkstandtyp (E-MS und G-MS).

3.6.2 Statistische Auswertung

Die Multivariate statistische Bearbeitung der Daten erfolgte mit 1.9.1 (R Development Core Team, 2004). Um die statistische Annahmen zu erfüllen, wurden lineare gemischte Effekte Modelle (Dauer Melkstandeintreten, Anrüstdauer, Melkdauer, Fußheben während des Wartens, des Anrüstens, des Melkens, Treten während des Melkens; Methode 'lme'; PINHEIRO & BATES, 2000) und generalisierte lineare gemischte Effekte Modelle (Trippeln während des Melkens; Methode 'glmmPQL'; VENABLES & RIPLEY, 2002) genutzt. Bei der Methode 'lme' deutet ein signifikanter p-Wert darauf hin, dass es einen statistisch gesicherten Unterschied zwischen den Faktoren einer erklärenden Variable gibt. Die Feststellung, welche Faktoren sich unterscheiden, fand mit Hilfe eines Diagramms statt.

Melkstandtyp (Einzel- oder Gruppenmelkstand), Melkzeit (Abend oder Morgen) und Melkprobleme (ja oder nein) gingen als fixe erklärenden Variablen in die Modelle ein. Die wiederholten Messungen und die hierarchische Schachtelung des Versuches wurden mit zufälligen Effekten für die einzelnen Tiere und für die Betriebe berücksichtigt. Zur Überprüfung der Modellannahmen wurde eine graphische Residuenanalyse durchgeführt. Damit die Annahmen der statistischen Modelle erfüllt wurden, mussten die untersuchten Parameter teilweise wurzeltransformiert werden.

4. Ergebnisse

4.1 Allgemeine Unterschiede

Aus den Untersuchungen geht hervor, dass die durchschnittliche Herdengröße der Betriebe mit Melkproblemen (PB) 31 Kühe beträgt. Die Betriebe ohne Melkprobleme (KPB) erreichen eine durchschnittliche Herdengröße von 45 Kühen. Bei der Unterscheidung nach Melkstandtyp liegt die Herdengröße bei 32 Kühen im E-MS (Einzelmelkstand) und 39 Kühen im G-MS (Gruppenmelkstand).

Betriebe mit einem E-MS haben durchschnittlich zwei Melkplätze weniger als Betriebe mit einem G-MS (E-MS/KPB: 6,0; G-MS/KPB: 8,0; E-MS/PB: 5,0; G-MS/PB:7,3) (Tab.10). Die durchschnittliche Fläche/Melkplatz ist bei den Gruppenmelkständen größer als bei den Einzelmelkständen. Der Unterschied von über 20cm ist in der Gruppe der PB jedoch größer als bei den KPB.

Die Untersuchungen haben des Weiteren ergeben, dass die gesamten Gruppenmelkstände durchschnittlich 5 Jahre älter sind als die Einzelmelkstände (Abb. 2). In den PB sind sie mit durchschnittlich 14,7 Jahren sogar 11 Jahre älter, als die KPB. Die neuesten Melkstände haben ein durchschnittliches Alter von 1,6 Jahren, sind Tandem-Melkstände und befinden sich in der Gruppe der KPB. Die Tandem-Melkstände der PB sind im Gegenzug über 8 Jahre älter.

Die Auswertung der Daten ergab bei den PB eine mittlere Milchleistung von 8050kg und ist somit um 250kg geringer als bei KPB. Die somatischen Zellzahlen sind mit 208333/ml ca. doppelt so hoch wie bei den KPB (Tab.11).

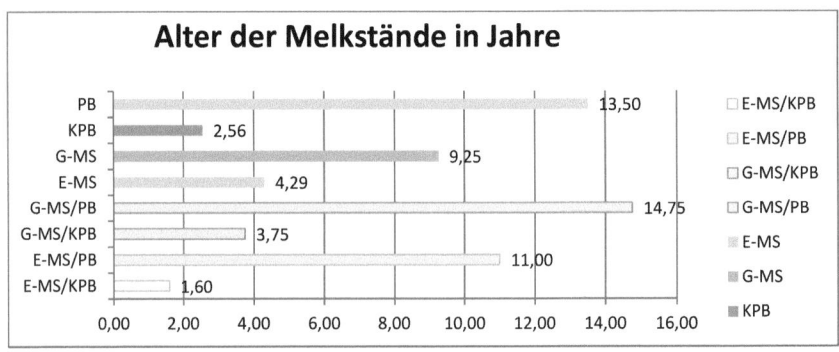

Abb. 2 Alter der Melkstände in Jahren: Einteilung nach Betriebsgruppen und Melkstandtyp

Tabelle 10: Mittelwerte der Melkstandmaße nach Betriebsgruppen und Melkstandtyp.

KPB n=9		Plätze gesamt	Länge (m)	Breite (m)	Fläche/ Melkplatz (m²)	PB n=6	Plätze gesamt	Länge (m)	Breite (m)	Fläche/ Melkplatz (m²)
E-MS	min.	6,0	7,4	0,6	1,8	min.	4,0	7,1	0,7	1,7
E-MS	max.	6,0	7,5	0,8	1,9	max.	6,0	7,4	0,8	1,8
E-MS	mittel	6,0	7,5	0,7	1,7	mittel	5,0	7,2	0,7	1,7
G-MS	min.	8,0	4,8	1,0	1,5	min.	5,0	4,6	1,4	1,6
G-MS	max.	8,0	6,1	1,5	2,1	max.	10,0	7,6	1,5	2,5
G-MS	mittel	8,0	5,4	1,3	1,8	mittel	7,3	5,8	1,4	2,0
KPB n=9		7,0	6,4	1,0	1,7	PB n=6	6,1	6,5	1,1	1,9
E-MS n=7		5,5	7,3	0,7	1,7	G-MS n=9	7,6	5,6	1,4	1,9

Tabelle 11: Mittelwerte der Zellzahlen und der Milchleistung nach Betrieb und Melkstandtyp

KPB n=9		ZZ /ml	Milchleistung (kg)	PB n=6	ZZ7ml	Milchleistung (kg)
E-MS	min	100000	7500	min	100000	8000
E-MS	max	120000	9500	max	300000	8000
E-MS	mittel	105000	8500	mittel	200000	8000
E-MS	n	4	2	n	2	1
G-MS	min	85000	8000,0	min	120000	6900
G-MS	max	120000	8200,0	max	280000	9500
G-MS	mittel	101250	8100	mittel	216666	8100
G-MS	n	4	2	n	3	4
KPB		103125	8300	PB	208333	8050
E-MS		152500	8250	G-MS	158958	8100

4.2 Eintrittsdauer

Kühe, die im G-MS gemolken werden, betreten tendenziell schneller den Melkstand, als Kühe die im E-MS gemolken werden ($F_{1,12}$=4.26; p=0.061) (Abb. 3). Während die Dauer des Eintretens in den Einzelmelkstand für die Hälfte der Kühe 18-19s beträgt, ist sie für das Eintreten in den Gruppenmelkstand nur halb so lang. Die Zeitspanne des Eintretens ist morgens höchst signifikant länger als abends ($F_{1,621}$=6.48; p=0.011). Ein signifikanter Unterschied zwischen der KPB und PB kann nicht festgestellt werden ($F_{1,12}$=0.96; p=0.348).

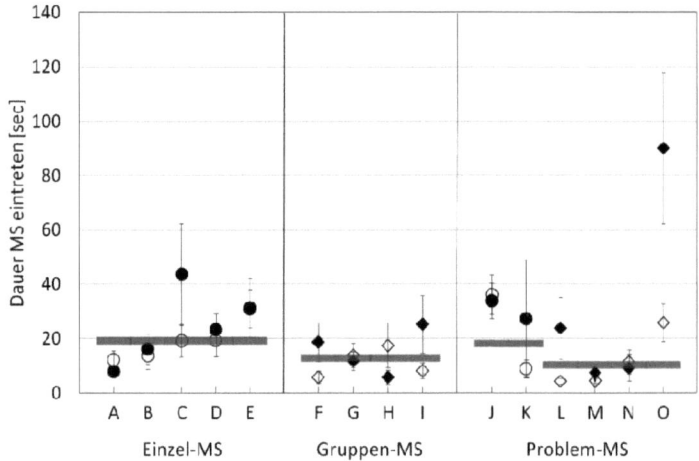

Abb. 3: Durchschnittliche Dauer (Mittelwert ± Standardfehler, in sec) pro Betrieb bis eine Kuh in den Melkstand eintritt bei der Abend- (leeres Symbol) und Morgenmelkzeit (gefülltes Symbol). Die graue Gerade stellt den Median nach Melkstandtyp (Kreise = Einzelmelkstand; Raute = Gruppenmelkstand) dar.

4.3 Anrüstdauer

Bei der Unterscheidung der Anrüstdauer nach Melkstandtyp, kann kein signifikanter Unterschied festgestellt werden ($F_{1,12}$=0.44; p=0.521). Es zeigt sich jedoch, dass das Anrüsten in den Gruppenmelkständen bei 50% der Kühe mindestens 70s dauert und somit um ca.18s länger ist als in den Einzelmelkständen. In den Einzelmelkständen der Problembetriebe ist die Anrüstdauer deutlich kürzer als bei den anderen. Die Problem-Betriebe zeigen größere Unterschiede zwischen Einzel- und Gruppenmelkstand als die Betriebe ohne Melkprobleme (Abb.4).

Die Unterscheidung nach Melkzeitpunkt zeigt keine signifikanten Unterschiede ($F_{1,127}$=1.47; p=0.228). Folgendes kann jedoch festgestellt werden: die Mehrheit der Betriebe hat abends eine längere Anrüstdauer als morgens.

Wird die Anrüstdauer nach Betriebsgruppe unterschieden, ist der Unterschied nicht signifikant ($F_{1,12}$=0.48; p=0.503).

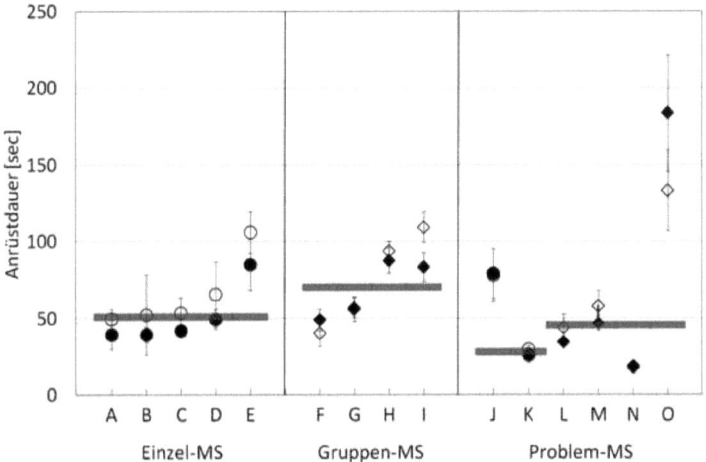

Abb. 4: Durchschnittliche Anrüstdauer (Mittelwert ± Standardfehler, in sec) pro Betrieb bei der Abend- (leeres Symbol) und Morgenmelkzeit (gefülltes Symbol). Die graue Gerade stellt den Median nach Melkstandtyp (Kreise = Einzelmelkstand; Raute = Gruppenmelkstand) dar.

4.4 Melkdauer

Die durchschnittliche Melkdauer ist abends mit 347sec am niedrigsten. Morgens ist sie um 24sec höher. Der Unterschied zwischen der Abend- und der Morgenmelkung ist statistisch höchst signifikant ($F_{1,127}$=13.47; p<0.001) (Abb. 5).

In den Fischgräten-Melkständen ist die mittlere Melkdauer pro Kuh länger als in den Tandem-Melkständen. Der Unterschied zwischen den Melkstandtypen ist bei den PB größer als bei den KPB. Ein statistischer Unterschied konnte jedoch nicht festgestellt werden($F_{1,12}$=0.01; p=0.915).

Die Dauer des Melkens ist bei den Problem-Betrieben am kürzesten). Der Unterschied ist statistisch nicht gesichert ($F_{1,12}$=0.42; p=0.529). Bei den PB, die im E-MS melken, konnte während der Melkung am Abend die kürzeste Melkdauer festgestellt werden (307 sec). Am längsten dauert das Melken bei den KPB in den E-MS bei der Morgenmelkung (375sec).

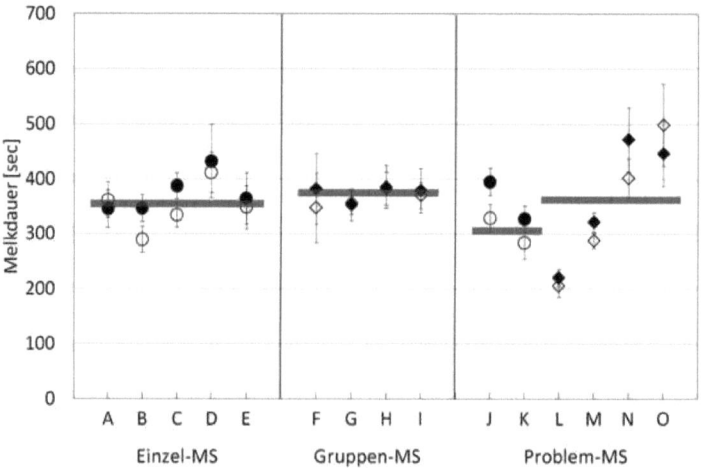

Abb. 5: Durchschnittliche Melkdauer (Mittelwert ± Standardfehler, in sec) pro Betrieb bei der Abend- (leeres Symbol) und Morgenmelkzeit (gefülltes Symbol). Die graue Gerade stellt den Median nach Melkstandtyp (Kreise = Einzelmelkstand; Raute = Gruppenmelkstand) dar.

4.5 Fußheben während des Wartens

Der Parameter Fußheben während des Wartens zeigt (Abb. 6), dass der Unterschied zwischen Gruppen- und Einzelmelkstand signifikant ist ($F_{1,12}$=5.17; p=0.042). Kühe, die im Gruppenmelkstand gemolken wurden, zeigen häufiger die Verhaltensweise Fußheben, als Kühe in Einzelmelkständen. Fußheben während des Wartens wurde bei den E-MS/PB sehr selten festgestellt. Bei den Einzelmelkständen ist der Unterschied zwischen dem Melken am Morgen und dem Melken am Abend bis auf zwei Ausnahmen sehr gering. Bei den Gruppenmelkständen sind die Schwankungen zwischen Morgen- und Abendmelkung deutlich größer.

Die Unterscheidung nach Melkzeitpunkt zeigt einen tendenziell signifikanten Unterschied ($F_{1,127}$=2.97; p=0.087). Abends wird bei der Mehrheit der Betriebe der Fuß häufiger gehoben als morgens, darunter befinden sich mehrheitlich Gruppenmelkstände.

Werden die PB und KPB miteinander verglichen, zeigt sich kein signifikanter Unterschied ($F_{1,12}$=0.75; p=0.403).

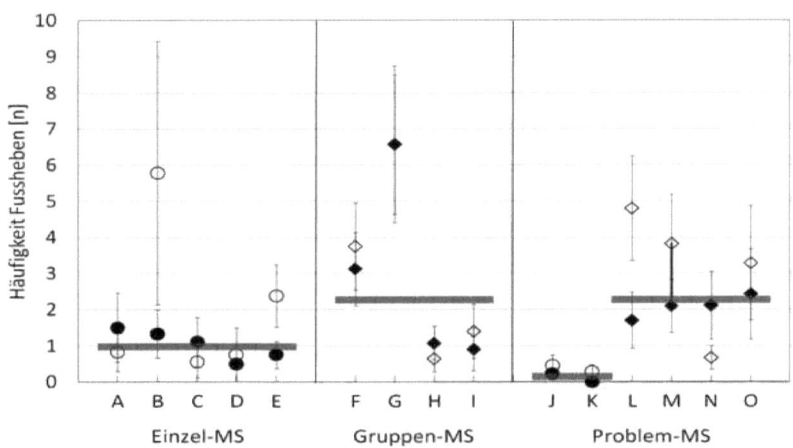

Abb. 6: Durchschnittliche Häufigkeit des Fußhebens (Mittelwert ± Standardfehler) während des Wartens pro Betrieb bei der Abend- (leeres Symbol) und Morgenmelkzeit (gefülltes Symbol). Die graue Gerade stellt den Median nach Melkstandtyp (Kreise = Einzelmelkstand; Raute = Gruppenmelkstand) dar.

4.6 Fußheben während des Anrüstens

In Abb. 7 ist zu sehen, dass die Tiere in den Gruppenmelkständen häufiger der Fuß gehoben wird, als in den Einzelmelkständen den Fuß Heben. Bei den PB liegen die Werte in den G-MS minimal höher. Die Tiere der Einzelmelkstände der Problem-Betriebe heben den Fuß am seltensten.

Ein signifikanter Unterschied des Parameters Fußheben während des Anrüstens nach Kein-Problem-Betrieb und Problem-Betrieb ($F_{1,12}$=0.05; p=0.836) war nicht feststellbar.

Zwischen Melkstandtyp und Melkzeitpunkt ist allerdings eine signifikante Interaktion erkennbar ($F_{1,126}$=4.46; p=0.037). In den Gruppenmelkständen wird abends am häufigsten der Fuß gehoben.

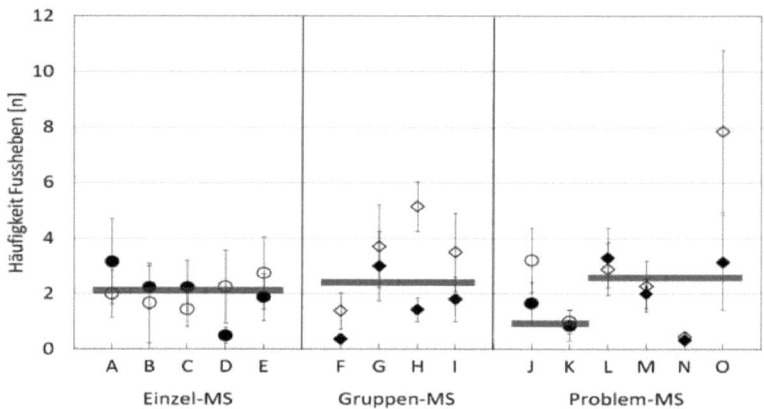

Abb. 7: Durchschnittliche Häufigkeit des Fußhebens (Mittelwert ± Standardfehler) während des Anrüstens pro Betrieb bei der Abend- (leeres Symbol) und Morgenmelkzeit (gefülltes Symbol). Die graue Gerade stellt den Median nach Melkstandtyp (Kreise = Einzelmelkstand; Raute = Gruppenmelkstand) dar.

4.7 Fußheben während des Melkens

Die Unterscheidung zwischen Morgen- und Abendmelkung ist beim Parameter Fuß-heben während des Melkens höchst signifikant ($F_{1,127}=34.62$; $p<0.001$; Abb8.). Abends tritt der Parameter häufiger auf als morgens. Bei den Problem-Betrieben ist der Unterschied zwischen Morgen- und Abendmelkung deutlich grösser.

Weder die Unterschiede zwischen den Melkstandtypen ($F_{1,12}=1.17$; $p=0.301$), noch die Unterschiede zwischen den Problem-Betrieb/Kein-Problembetrieb ($F_{1,12}=0,78$; $p=0.394$) sind statistisch signifikant. Es zeigt sich jedoch, dass in den Gruppenmelk-ständen der Betriebe ohne Melkprobleme der Fuß am häufigsten gehoben wird.

Beim Vergleich der Problem-Betriebe ist der Unterschied zwischen den Melkstand-typen geringer als bei den Kein-Problem-Betrieben.

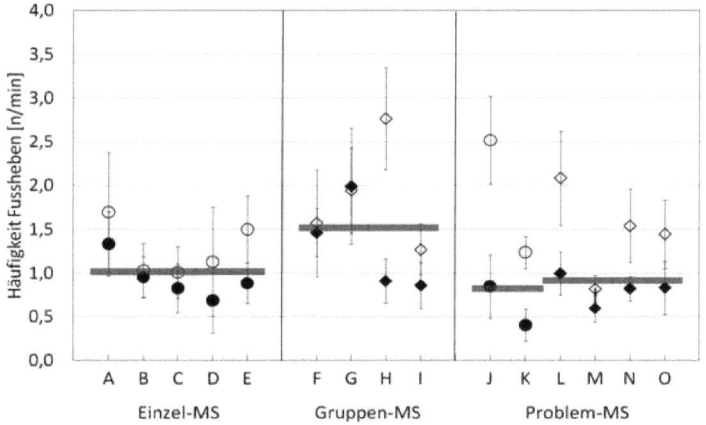

Abb. 8: Durchschnittliche Häufigkeit des Fußhebens (Mittelwert ± Standardfehler) während des Melkens pro Betrieb bei der Abend- (leeres Symbol) und Morgenmelkzeit (gefühltes Symbol). Die graue Gerade stellt den Median nach Melkstandtyp (Kreise = Einzelmelkstand; Raute = Gruppenmelkstand) dar.

4.8 Trippeln während des Melkens

Abb. 9 zeigt eine seltene Trippelhäufigkeit in den Einzelmelkständen im Vergleich zu den Gruppenmelkständen, welche statistisch nicht signifikant ist (t_{12}=1.17; p=0.267). In drei von sieben E-MS wird überhaupt nicht getrippelt. Eine signifikante Interaktion lässt sich jedoch beim Vergleich der Abendmelkung mit der Morgenmelkung feststellen. Der Unterschied in der Häufigkeit des Trippelns während des Melkens ist bei den PB kleiner ist als bei den KPB (t_{126}=-2.63; p=0.010).

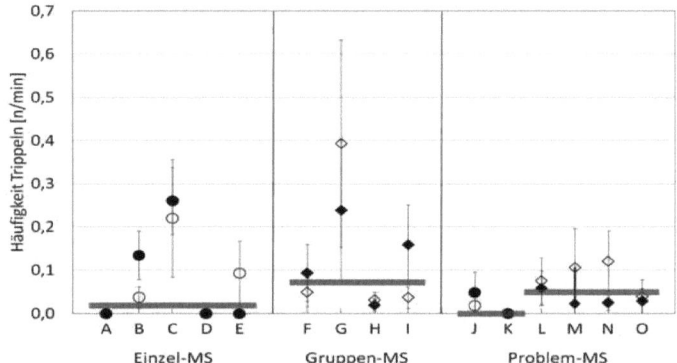

Abb. 9: Durchschnittliche Häufigkeit des Trippelns (Mittelwert ± Standardfehler) während des Melkens pro Betrieb bei der Abend- (leeres Symbol) und Morgenmelkzeit (gefülltes Symbol). Die graue Gerade stellt den Median nach Melkstandtyp (Kreise = Einzelmelkstand; Raute = Gruppenmelkstand) dar.

.

4.9 Melkzeug Schlagen während des Melkens

Der Parameter „Melkzeug Schlagen „während des Melkens wird in Abb.10 dargestellt und zeigt, dass beim Vergleich von Kein-Problem-Betriebe und Problem-
Betriebe sich die Häufigkeit im gleichen Bereich befindet. Die Medianwerte liegen
jeweils bei 0,02 und 0,08. In den E-MZ/KPB wird am häufigsten das Melkzeug ge-
schlagen, in den G-MS/KPB und E-MS/PB ist dieser Parameter dagegen kaum festzustellen. Die Unterscheidung nach KPB und PB ist statistisch nicht signifikant
($F_{1,12}$=0.02; p=0.888). Bei den Problem-Betrieben wird bei zwei Betrieben (N und O)
mit Gruppenmelkstand bei der Abendmelkung am häufigsten das Melkzeug ge-
schlagen.

Grundsätzlich wird in allen Betrieben wird abends das Melkzeug häufiger geschla-
gen als morgens. Bei 9 von 15 Betrieben tritt diese Verhaltensweise morgens so gut
wie gar nicht auf. Darunter sind es 7 Betriebe ohne Melkprobleme. Die Ergebnisse
zeigen, dass zwischen der Abend- und der Morgenmelkung der Unterschied in der
Häufigkeit des Melkzeugs Schlagens bei den PB größer ist als bei den KPB. Diese
Interaktion ist statistisch gesichert ($F_{1,126}$=4.13; p=0.044).

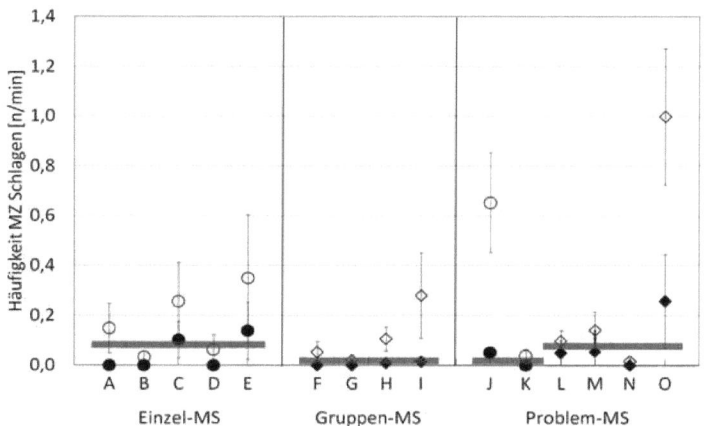

Abb. 10: Durchschnittliche Häufigkeit des Melkzeug Schlagens (Mittelwert ± Standardfehler) während des Melkens pro
Betrieb bei der Abend- (leeres Symbol) und Morgenmelkzeit (gefühltes Symbol). Die graue Gerade stellt den Median
nach Melkstandtyp (Kreise = Einzelmelkstand; Raute = Gruppenmelkstand) dar.

5. Diskussion

5.1 Fragestellung

Die vorliegende Arbeit ist Teil eines Forschungsprojektes der Agroscope Reckenholz-Tänikon ART, deren Zielsetzung vorsieht, Kühe unter ethologischen Gesichts-
punkten während des Melkens zu untersuchen. Sie dient als Grundlage für weitere
Untersuchungen in Bezug auf Melkprobleme, um unter anderem Auswirkungen,
ausgelöst durch elektrische Immissionen, anhand der Verhaltensweisen analysieren
zu können.

5.2 Literatur

Derzeit existiert keine vergleichende Literatur zum Verhalten beim Melken in Einzelmelkstand und Gruppenmelkstand. Die für diese Arbeit verwendeten Quellen bezie-
hen sich vorwiegend auf Verhaltensbeobachtungen von Kühen in einem AMS, die
oftmals mit dem Verhalten in einem konventionellen Melksystem- meist in einem
Einzelmelkstand verglichen wurden. Veröffentlichungen zu Verhaltensbeobachtungen in einem Gruppenmelkstand sind verhältnismäßig wenig vorhanden.

Werden die Erhebungen der vorliegenden Untersuchungen mit anderen Studien
verglichen, müssen die unterschiedlichen Definitionen der Phasen und Parameter
berücksichtigt werden. HAGEN (2004) und WENZEL (2003) fassen die Parameter
Fußheben und Treten zusammen. HOPSTER (2002) bezeichnet das Fußheben als
„stepping" und fasst das „Melkzeug Schlagen" und „Melker Treten" zusammen. Bei
WENZEL (1999) wird das Trippeln als abwechselnde Belastung der Hinterbeine
definiert, wobei die Klaue das Hinterbein bis maximal zur Höhe des Zehengrundge-
lenkes anhebt. Beim Parameter Treten wird die Klaue über die Höhe des Zehen-
grundgelenkes angehoben. Weiterhin untersuchte er die Verhaltensweise „Melkzeug
abschlagen", bei welcher das Melkzeug vom Euter getreten wurde. Der letztgenann-
te Parameter wurde bei der vorliegenden Arbeit nicht statistisch ausgewertet, da er
vergleichbar mit WENZEL (1999) äußerst selten auftrat.

5.3 Eigene Arbeiten

Das Melken wird durch zahlreiche Faktoren beeinflusst. Die Individualität von
Mensch und Tier, die unterschiedlichen Verhaltensweisen und Reaktionen und der

ungleiche technische Stand, stellen für eine homogene Ausgangslage bei ethologischen Untersuchungen im Melkstand eine große Herausforderung dar.

5.3.1 Melkstände

Beim Vergleich der Melkstände ist zu erkennen, dass zwischen den Versuchsgruppen die Melkstände in Bezug auf Alter und Hersteller sehr unterschiedlich sind. Die Gründe hierfür liegen daran, dass die Betriebe mit Melkproblemen anhand einer vorgegebenen Liste ausgesucht wurden, die keine detaillierte Informationen zum Melkstand. Bei den Betrieben mit Melkproblemen waren zwei von sechs Melkanlagen von anderen Herstellern als von DeLaval oder GEA im Einsatz. Weiterhin beträgt der durchschnittliche Altersunterschied zwischen den Melkständen der KPB und PB 10,96 Jahre. Die Einzelmelkstände (KPB: 1,60; PB: 11,00) sind in beiden Betriebsgruppen deutlich jünger als die Gruppenmelkstände (KPB: 3,75; PB: 14,75). Ältere Melkstände könnten aufgrund ihres technischen Zustandes oder einer unzureichenden Wartung das Melken negativ beeinflussen.

Bei der Untersuchung der Fläche pro Melkplatz war festzustellen, dass die Einzelmelkstände in den Betrieben ohne Melkprobleme, die gleichzeitig auch die neueren Melkstände waren, die Fläche pro Melkplatz mit 1,7m² gleichgroß ist wie die Fläche der deutlich älteren Melkständen der Problem-Betriebe. Bei den Fischgrätenmelkständen ist die Fläche pro Melkplatz in den PB um etwa 20cm² größer als bei den KPB. Eine vorgeschriebene Platzfläche ist gesetzlich nicht festgeschrieben, doch haben sich die Melkstände in der Regel dem Zuchtfortschritt angepasst und berücksichtigen den erhöhten Platzbedarf großrahmiger Kühe. Bei der Vermessung des Melkstandes wurde beispielsweise keine Angabe über das Vorhandensein eines Futtertroges gemacht, welcher den Platzbedarf deutlich minimieren würde. Das oftmals zu geringe Platzangebot in älteren Melkständen kann das Wohlbefinden der Kühe stark beeinträchtigen, da sie dichter aneinander stehen und im Melkstand anstoßen können.

Für weitere Untersuchungen wären außerdem genauere Informationen über die Melkanlagen wichtig, wie der Zustand der Zitzengummis und der Milchschläuche, Angaben über das Vorhandensein von Vor- und Zwischenstimulation, von einer Nachmelkautomatik, die Höhe der Pulsation und des Melkvakuums und der Abstand zwischen der technischen Wartung. Zusätzlich kann auch durch die Melkanlage, wie auch durch die jeweilige qualitative Ausführung der Installation, entsprechend Lärm und Vibrationen verursacht werden, welche die Tiere stressen. (NOSAL et al., 2004; KAUKE, 2005).

5.3.2 Beobachtungsmethode und Datenmenge

Die verdeckte Beobachtung mittels Kameras brachte bei diesen Untersuchungen größere Forschungserfolge, da die Methode unauffälliger ist als die Direktbeobachtung. Es kann demzufolge davon ausgegangen werden, dass die Kühe bei den vorliegenden Versuchen ihr natürliches Verhalten gezeigt haben. Bei WENZEL (1999) stellt die Anwesenheit des Untersuchers keine Belastung für das Tier dar. Es wurde in der Testphase allerdings festgestellt, dass die Anwesenheit einer fremden Person die Kühe irritiert und sie zögernd den Melkstand betreten. Bei einem Betrieb war zu Beginn des Versuchs eine Irritierung der Kühe durch die Kamera bemerkbar, so dass sie zögernd den Melkstand betraten. Für die Durchführung der Versuche mittels Direktbeobachtung wäre eine längere Eingewöhnungsphase angebracht. Aus Sicht der untersuchenden Person, wäre es allerdings nicht möglich, parallel auftretende Parameter exakt zu erfassen.

Für die Auswertung der Dauer des Eintretens in den Melkstand konnte eine Datenmenge von 310 Kühen am Abend und von 315 Kühen am Morgen erhoben werden. Für die Verhaltensparameter Trippeln, Fußheben und MZ schlagen konnten 133 Kühe zu je einer Abend- und einer Morgenmelkung ausgewertet werden. Dies entsprach einer Datenmenge von 266 Melkungen und durchschnittlich 8 Fokustieren pro Betrieb. Die Parameter wurden zwar an einer ausreichend hohen Tieranzahl erfasst, doch wären Wiederholungen zu den jeweiligen Melkzeiten und Witterungsverhältnissen vorteilhaft gewesen. Bestimmte äußere Einflüsse wie vermehrtes Auftreten von Fliegen, könnten zu einer kälteren Jahreszeit eher ausgeschlossen werden. Dies hätte zu einer besseren allgemeinen Aussage in Bezug auf die Problem-Betriebe und Melkstandtypen führen können.

Die Fokustiere ergaben sich zufällig aufgrund der Aufzeichnungsposition des Standplatzes im Melkstand. Eine Einteilung der Milchkühe nach Alter und Laktationsstadium hätte möglicherweise ein aussagekräftigeres Ergebnis herbeiführen können, da bei Erstlaktierenden häufiger Milchejektionsstörungen auftreten können (BRUCK-MAIER, 1992).

5.4 Ergebnisse

5.4.1 Eintrittsdauer

Signifikante Unterschiede konnten zwischen der Abend- und Morgenmelkung festgestellt werden. Während das Eintreten am Abend im Mittel 15sec dauert, benötigen die Kühe am Morgen 10sec länger.

Beim Vergleich der Melkstandtypen war zu erkennen, dass die Kühe tendenziell schneller in den Gruppen-Melkstand eintraten (18sec) als in den Einzel-Melkstand und die Eintrittsdauer von anderen Untersuchungen deutlich abweicht (77 ± 54sec, HAGEN et al., 2004). Die durchschnittliche Eintrittsdauer in den Tandem-Melkstand von 23sec ist vergleichbar mit anderen Untersuchungen (20±2sec, NEUFFER, 2006). In anderen Versuchen lag die Zeitspanne sogar deutlich höher (60±8,9sec, HOPTER et al., 2002).

Die Eintrittsdauern in diesen Untersuchungen zeigten nicht, dass die Kühe der Problem-Betriebe langsamer den Melkstand betraten als die Kühe der Betriebe ohne Melkprobleme.

Die minimal schnellere Eintrittszeit der Kühe in den Fischgrätenmelkstand ist vermutlich auf das natürlichen Sozialverhalten und der Rangordnung des Rindes in der Herde zurückzuführen. Als Herdentier ist das gemeinsame Eintreten in den Fischgräten-Melkstand mit Sicherheit einfacher und dementsprechend schneller. Darüber hinaus lebt das Rind in einer festen Rangordnung (SAMBRAUS 1978, 2002; BOGNER und GRAUVOGL 1984) und folgt eventuell einer befreundeten Kuh in den Melkstand (RICHTER, 2006).

5.4.2 Anrüstdauer

Die mittlere Anrüstdauer in diesen Untersuchungen beträgt 64sec und stimmt mit den Untersuchungen von NEUFFER (2006) überein. Bei der Unterscheidet nach Melkstandtyp, Problem-Betrieb und Kein-Problem-Betrieb lagen die Mittelwerte alle zwischen 51 und 75sec. In den Einzelmelkständen konnte wie bei NEUFFER (2006) eine kürzere Dauer festgestellt werden, als in den Gruppenmelkständen. Signifikante Unterschiede in der Anrüstdauer konnten statistisch nicht gesichert werden.

Bei einem Wert von 64sec könnte daraus geschlossen werden, dass der Milchfluss nicht gestört ist, die durchschnittliche Milchflussrate nicht verringert ist und das

Nachgemelk nicht erhöht ist. Die Melkdauer würde sich bei einem Wert über 60sec nicht erhöhen (KANSWOHL, 2007; WORSTORFF et al., 1997).

Die optimale Zeit beträgt laut WEISS und BRUCKMAIER, 2005 für das Anrüsten 90sec. Bei den vorliegenden Untersuchungen endete das Anrüsten jedoch zum Zeitpunkt des Ansetzens des ersten Melkbechers. Dabei wurde nicht berücksichtig, ob die Melkanlagen eine Anrüstautomatik besitzen oder nicht. Bei den Melkanlagen, die eine Anrüstautomatik besitzen, könnte die optimale Anrüstzeit von 90s erreicht werden und somit der Milchejektionsreflexes rechtzeitig ausgelöst werden (WEISS und BRUCKMAIER, 2005). Somit lässt sich schwer feststellen, ob mangelnde Stimulation die Ursache für die Melkprobleme sein könnte. Bei der Studie von BELO (2005) konnten die Melkprobleme in 33% der Fälle unabhängig von der Rasse, auf Ejektionsstörungen zurück geführt werden. Weitere Werte aus der Literatur zeigen Unterschiede in den Anrüstzeiten: 31±2,9sec (HOPSTER, 2002).

5.4.3 Melkdauer

Die gesamte durchschnittliche Melkdauer lag bei 359sec. Abends war die Melkdauer signifikant länger als morgens (abends: 347sec, morgens: 371sec). Die Unterscheidung nach E-MS und G-MS war mit 9sec relativ gering. In den Tandem-Melkständen war die Melkdauer mit 334sec bei den Problem-Betrieben am kürzesten.

Oftmals wird in der Literatur das Melken in die Phasen „Hauptmelken" und „Ausmelken" unterteilt (WENZEL, 1999; HAGEN, 2004). Eine Unterteilung in Melkphasen wäre für vorliegende Arbeit von Vorteil gewesen. Würde das Melkzeug Schlagen vermehrt in der Schlussmelkphase auftreten, könnte dieses Verhalten auf eventuelle Schmerzen aufgrund von „Blindmelken" deuten.

HAGEN (2004) konnte im Gruppenmelkstand eine Dauer von 380 ±167sec in der Hauptmelkphase und 114±145sec in der Schlussmelkphase feststellen, die höher liegen als die Werte aus vorliegender Untersuchung. Die Zeitspannen der Haupt- und Schlussmelkphasen im Tandemmelkstand aus anderen Untersuchungen betragen bei HOPSTER (2002) 437sec, NEUFFER (2006) 396±12sec und KAUKE (2005) 340sec + 69sec und zeigen, dass die Zeiten aus der vorliegenden Arbeit ebenfalls deutlich darunter liegen. Unterschiede zwischen den PB und KPB waren zwar festzustellen, jedoch sind vier Melkungen nicht ausreichend für eine genauere Interpretation der Ergebnisse. Eine größere Datenmenge in Verbindung mit einer genaueren Information über die Fokustiere wäre deshalb von Vorteil gewesen. Bei einem Vergleich der Zeiten der Einzelmelkstände der Betriebe mit Melkproblemen mit den Werten aus der Literatur, wäre die Melkdauer sogar noch geringer. Aus den Untersuchungen geht weder hervor, ob die Melkanlagen eine Anrüstautomatik besitzen, noch gibt es eine Aussage über den Laktationsstadium der Milchkühe. Wäre eine Anrüstautomatik vorhanden, würde sich die Melkdauer sogar noch um wenige Sekunden verkürzen.

Die Ergebnisse zeigen eine Tendenz an, aber sind nicht ausreichend dafür, um die Melkdauer als Indikator für eine Stresssituation berücksichtigen zu können (KAUKE, 2005).

5.4.4 Verhaltensparameter

Ein signifikant verändertes Verhalten der Kühe wurde am häufigsten bei der Unterscheidung zwischen Morgen- und Abendmelkung festgestellt. Morgens dauerten das Eintreten (25sec) und das Melken (371sec) länger als abends. Abends wurde während des Melkens der Fuß häufiger gehoben.

In den untersuchten Parametern Fußheben und Trippeln, wurde in den Gruppen-Melkständen dieses Verhalten häufiger festgestellt. HAGEN (2004) stellte ebenfalls erhöhtes Verhalten in den Gruppen-Melkständen fest, vor allem während des Anrüstens. Signifikante Unterschiede in Bezug auf den Melkstandtyp traten allerdings äußerst selten auf. Die Kühe traten mit durchschnittlich 18sec tendenziell schneller in den Gruppenmelkstand ein, als Kühe, die im Einzel-Melkstand gemolken wurden (23sec). Des Weiteren trat das Verhaltensmerkmal Fußheben während des Wartens im Gruppen-Melkstand signifikant häufiger auf.

Da die Kühe in einem Gruppenmelkstand die Sozialdistanz von 0,5m oder mehr nicht einhalten können, ist es möglich, dass sie neben einer Kuh stehen mit der sie nicht befreundet sind (RICHTER, 2006). Dies würde ein häufigeres Auftreten von bestimmten Verhaltensparametern in diesen Melkständen erklären.

Trippeln und Treten soll nach WILLIS (1993) ein typisches Verhalten beim Melken sein und deuten auf Unruhe hin (METZ-STEFANOWSKA et al., 1983, HEMSWORTH et al., 1989). Daraus lässt sich schließen, dass die Unruhe am größten ist, wenn ein Kontakt zwischen Kuh und Melker bzw. Melkmaschine besteht. In diesem Versuch sind das Treten und das Trippeln während des Melkens – selbst bei den Problem-Betrieben geringer als bei WENZEL (1999) oder NEUFFER (2006). Dies könnte ein Hinweis darauf sein, dass das Verhalten der Melker gegenüber den Kühen nicht negativ ist (RUSHEN, 1999), eine gute Mensch-Tier-Beziehung besteht, die möglichen Stress sogar mindert (HEMSWORTH et al., 1989, RUSHEN et al., 2001) oder der Melker eine guten Charakter hat (SEABROOK und WILKINSON, 2000; HEMSWORTH et al., 1999; WAIBLINGER, 2002; HEMSWORTH, 2003). Diese Aussage ist aber eher spekulativ, da auf das Verhalten des Melkers nicht genauer eingegangen wurde.

Während des Anrüstens und des Melkens wird der Fuß mehr gehoben als bei NEUFFER (2006). NEUFFER (2006) definiert allerdings das Fußheben mit dem Anheben von über 10cm. Wird der Fuß weniger angehoben zählt es zum Trippeln. Das bedeutet, dass im Vergleich zu der vorliegenden Definition eventuell bei NEUFFER (2006) die Anzahl Fußheben höher sein kann und die Anzahl Trippeln geringer. Unter dem Gesichtspunkt könnten sich die Ergebnisse etwas angleichen. Die Werte von WENZEL (1999) liegen ebenfalls etwas höher, aber sind geringer als bei NEUFFER (2006). Bei WENZEL (1999) wird jedoch beim Trippeln „das linke und rechte Hinterbein so belastet, dass die Klaue des entlasteten Beins bis maximal auf Höhe des Zehengrundgelenks angehoben wird. Das Hinterteil des Tieres schwankt dabei". Das Treten wird bis auf das Schwanken des Hinterteils gleich definiert. Wird das Melkzeug berührt, zählt es ebenfalls zum Parameter Treten. Wird das Bein also weniger angehoben, wird dies im Gegensatz zu diesen Versuchen nicht berücksichtigt. Im Gegenzug sind seine Phasen anders definiert, da er das Verhalten zwischen Haupt- und Schlussmelkphase trennt.

5.4.5 Milchleistung

Die Milchleistung lag bei den KPB bei 8300kg und den PB bei 8050kg und ist vergleichbar mit den Ergebnissen von FÜBEKKER und KOWALEWSKI (2006) (8280 kg, n=80). Bei den Betrieben mit Melkproblemen lag die Milchleistung höher als die Milchleistung bei den Betrieben von BELO (2009) (7655kg ± 180), die ebenfalls in der Schweiz stattgefunden haben. Vermutlich kann der Unterschied in der Milchleistung auf die Betriebe und Datenmenge geführt werden. Während bei BELO (2009) vorab ein Fragebogen versendet wurde, der von den Betrieben zu einem sehr großen Teil beantwortet wurde, wurden die Betriebe bei den vorliegenden Untersuchungen anhand einer vorgegebenen Liste zufällig ausgesucht. Abgesehen von der

Tatsache, dass die Betriebe eventuelle elektrische Immissionen im Melkstand haben könnten, gab es keine weiteren Anhaltspunkte über die Melkprobleme, die für eine bessere Versuchsbasis nützlich hätte sein können. Bei BELO (2009) konnte die Auswahl der Betriebe etwas gezielter vorgenommen werden.

Der Unterschied zwischen KPB und PB ist gering. Das Verhalten des Melkpersonals wurde nicht untersucht, so dass nicht festgestellt werden konnte, ob diese Ergebnisse am guten Umgang mit der Kuh lagen (SEABROOK, 1984; BREUER et al., 1997; RUSHEN et al., 1999; PAJOR et al., 2000; HANNA et al., 2006). Der Personalwechsel, der bei zu großer Häufigkeit zu einer Minderung der Milchleistung führen kann (WAIBLINGER et al., 2002 und 2003), wurde ebenfalls nicht genauer untersucht.

5.4.6 Melkprobleme

Aussagen über die Melkroutine konnten in dieser Arbeit nur aufgrund von eigenen Beobachtungen getroffen werden, die nicht statistisch analysiert worden sind. Anhand dieser Beobachtungen lassen sich gewisse Ergebnisse besser interpretieren. Dies zeigt, dass Wiederholungen der Versuche und eine größere Datenmenge wichtig gewesen wären, um diese Ergebnisse verlässlicher interpretieren zu können. Auf einem Betrieb wurden die Kühe von Lehrlingen gemolken, von denen einer zum Zeitpunkt der Versuche noch wenig Erfahrung besaß. Zudem hatte dieser Betrieb die größte Herdengröße (n=70), und überdurchschnittlich hohe ZZ (250000/ml). Bei einem anderen Betrieb ist die Melkdauer (437sec) im Vergleich zu den anderen Betrieben länger und hat eine vergleichbar kurze Stimulationsdauer (18-19sec). Besitzt die Anlage keine Anrüstautomatik, könnte dies die Ursache für die Melkproblematik sein. Die kurze Anrüstdauer könnte auch das geringe Fußheben in dieser Phase erklären. Dieses Ergebnis stimmt mit der Aussage von KANSWOHL et al. (2007) überein, dass eine kurze Anrüstzeit die Melkdauer verlängert.

Deutliche Probleme zeigten sich bei Betrieb O, dessen Melkstand zu den ältesten zählte (16Jahre) und sich mit einer Herdengröße von 60 Milchkühen deutlich über dem Durchschnitt befand. Die Kühe waren zum Zeitpunkt der Versuche erst wenige Tage aus den Bergen zurück. Laut den Aussagen des Melkers betreten die ersten Melkgruppen schneller den Melkstand, als die übrigen Kühe, die in einer Ecke mit dem Rücken zum Melkstand stehen. Die Ergebnisse zeigten, dass dieser Betrieb die höchsten Anrüstzeiten hatte. Die lange Anrüstzeit am Morgen (184sec) ist allerdings auf eine Kuh zurück zu führen, die sich im Melkstand hinlegte, weil sie Milchfieber hatte. Dadurch wurde der Melkablauf gestört und es kam zu längeren Zeiten bis das Melkzeug angesetzt werden konnte. Dieser Zwischenfall beeinflusste ebenfalls die lange Zeitspanne des Eintretens am Morgen. Bezüglich der Melkroutine wurden die Zitzen mit dem Wasserstrahl abgespritzt und ein Papier für fünf Kühe genommen. Wird die Morgenmelkung außen vor gelassen, ist die deutlich über dem optimalen Wert von 90sec liegende Anrüstzeit (O: 133sec), die (BRUCKMAIER, 2005) als kritisch zu sehen und wäre eine mögliche eine Erklärung für die geringere Milchleistung und längere Melkdauer.

WORSTDORFF et al., (1997) stellte fest, dass die häufigsten Melkprobleme auf Fehler in der Zitzenstimulation zurückzuführen sind. In dieser Untersuchung waren zwar keine signifikanten Unterschiede in Bezug auf die Anrüstdauer festgestellt worden, aber es zeigte sich, dass die Melkroutine ein Schwachpunkt ist und verbessert werden kann.

ANESHANSLEY et al., 1992 stellte bei Kühen, die unter Einfluss von Strom gemolken werden einen Unterschied im Verhalten von erstlaktierenden und älteren Kühen fest. Je nachdem in welchem Laktationsstadium sich die Kuh befand, wurde das Melkzeug entweder bei 8V oder 16V abgeschlagen. Bei einer niedrigeren Stromspannung gab es keine signifikanten Unterschiede in der Melkzeit, Milchleistung oder Milchzusammensetzung. Ob bei den vorliegenden Untersuchungen elektrische Immissionen der Grund für die Melkprobleme waren, konnte zu dem damaligen Zeitpunkt nicht festgestellt werden. Generell scheinen Erstlaktierende empfindlicher zu reagieren, unabhängig davon ob Ströme vorhanden sind.

Bei Betrieb K kamen laut einer Aussage des Betriebsleiters, die Kühe seit einiger Zeit schlechter in den Melkstand hinein. Ein möglicher Grund für die Melkprobleme könnte eine Antenne sein, die sich in unmittelbarer Nähe des Betriebes befindet. Die Eintrittszeiten von Betrieb K waren morgens zwar etwas länger als bei einigen anderen Melkungen der Problem-Betriebe, aber die anderen untersuchten Parameter wurden eher selten festgestellt.

Zusammenfassend kann gesagt werden, dass selbst wenn elektrische Immissionen die Ursache für die Melkprobleme sein sollten, diesen Betrieben empfohlen wird, eine mögliche Optimierung im Hinblick auf die Melkroutine und Hygiene im Melkstand und im Bereich der Euter zu überprüfen.

6. Fazit und Ausblick

Ethologische Untersuchungen im Melkstand sind gut geeignet, um zu überprüfen, ob das Wohlbefinden der Kühe beeinträchtigt ist oder ob sie sich beim Melken in einer Stresssituation befinden. Die Beobachtungsmethode mittels fest installierter Kameras ist deshalb auch für weitere Untersuchungen gut geeignet.

Sowohl die Anzahl der Faktoren, die auf das Verhalten einwirken können, als auch der komplexe Vorgang des Melkens, der von Mensch, Tier und Maschine abhängig ist, erschweren die Ursachenfindung für Melkprobleme. Um bei einer ethologischen Untersuchung mögliche Einflussfaktoren ausschließen zu können, sind ausführliche Angaben, wie unter anderem das Alter und der Zustand der Melkanlage, Platztiefe mit Berücksichtigung des Abstandes von Kotblech bis Futterschale, Zustand der Zitzengummis, Vorhandensein einer Anrüstautomatik, sowie Höhe des Melkvakuums, von großer Bedeutung.

Eine Datenerhebung zu einer kälteren Jahreszeit und unter wechselnden Wetterverhältnissen und Temperaturen wäre für zukünftige Untersuchungen von Vorteil, da diese Versuche zu einer warmen Jahreszeit durchgeführt wurden. Ferner würden Wiederholungen der Versuche aussagekräftigere Ergebnisse liefern.

Ein wichtiger Punkt bleibt jedoch die Melkroutine, welche bei weiteren Erforschungen als Begleitparameter mit untersucht werden muss, da richtiges Melken elementar für eine saubere und schonende Milchabgabe ist. Nicht fachgerechtes Melken wirkt sich auf die Gesunderhaltung der Kuh aus und infolgedessen auch auf die Wirtschaftlichkeit der Betriebe. Betriebe mit Melkproblemen, bei denen als Ursache elektrischen Immissionen vermutet werden, sollten unabhängig von elektrischen Immissionen unbedingt die Melkroutine und die Hygiene im Melkstand überprüfen, um dies als Grund für ihre Melkprobleme ausschließen zu können. Um Betriebe mit Melkproblemen besser untersuchen zu können, ist ein Fragebogen zur Haltung und zum Management, der sich auf die Milchleistung und die Eutergesundheit bezieht sehr zu empfehlen (KÖSTER, 2004). Anhand von Videoaufzeichnungen könnten diese Angaben über die Melkroutine mit den Fragebögen verglichen werden.

7. Zusammenfassung

Das Ziel der vorliegenden Arbeit war, das Verhalten von Kühen unmittelbar vor dem Melken und während des Melkens in einem Einzel- und Gruppenmelkstand zu untersuchen. Die Daten sollen als Ausgangbasis für weitere Untersuchungen in Melkständen mit Melkproblemen dienen, deren Ursache auf elektrische Immissionen zurückzuführen ist.

Während der ethologischen Untersuchung wurde anhand von Videoaufnahmen die Parameter Trippeln, Fußheben und Melkzeug Schlagen in den verschieden Melkphasen erfasst. Des Weiteren wurde der Zeitbedarf für das Eintreten in den Melkstand, das Anrüsten und für das Melken untersucht. Die statistische Auswertung erfolgte mit linearen gemischten Effekte Modellen mit dem Statistikprogramm R 1.9.1.

In die Auswertung der Verhaltensparameter gingen 266 Melkungen mit 133 Fokustieren zu je einer Abend- und einer Morgenmelkung ein. In die Auswertung des Zeitbedarfs gingen bei der Abendmelkung 310 Kühe und bei der Morgenmelkung 315 Kühe ein.

Aus den Erhebungen ergaben sich folgende Ergebnisse. Die Kühe benötigten morgens für das Eintreten in den Melkstand höchst signifikant länger als abends. Die Dauer des Eintretens zeigte weiterhin einen tendenziellen Unterschied zwischen den beiden Melkstandtypen. Die Zeitspanne des Eintretens in den Tandem-Melkstand war mit durchschnittlich 18sec um 5sec länger als das Eintreten in den Fischgräten-Melkstand.

Die Verhaltensweise Fußheben während des Wartens trat abends tendenziell häufiger auf als morgens. Signifikanter war jedoch die größere Häufigkeit des Fußhebens im Gruppenmelkstand im Vergleich zu den Einzelmelkständen.

In den Gruppenmelkständen wurde das Fußheben während des Anrüstens abends signifikant häufiger festgestellt als in den Einzelmelkständen.

Während des Melkens wurde abends höchst signifikant häufiger der Fuß gehoben als morgens. Beim Parameter Trippeln während des Melkens ist der Unterschied zwischen Abend- und Morgenmelkung bei den KPB hoch signifikant größer als bei den PB. Die durchschnittliche Melkdauer pro Kuh war morgens hoch signifikant länger als abends Die Werte zeigten außerdem, dass zwischen der Abend- und Morgenmelkung der Unterschied in der Häufigkeit des Melkzeugs Schlagens bei den PB signifikant größer ist als bei den KPB.

Die Untersuchung verdeutlicht, dass bei der Unterscheidung zwischen der Abend- und der Morgenmelkung die meisten signifikanten Unterschiede festzustellen waren. Signifikante Unterschiede zwischen Betrieben mit und ohne Melkprobleme ließen sich anhand dieser ethologischen Untersuchung nicht belegen. Treten Probleme während des Melkens auf, sollten infolgedessen detaillierte Angaben über die Melkanlage bekannt sein. Darüber hinaus sollten eine fachgerechte Melkroutine, Hygiene und eine gute Mensch-Tier-Beziehung eine absolute Voraussetzung sein.

8. Summary

The aim of this study was to examine the behaviour of cows immediately before and during milking in tandem and herringbone milking parlour environments. The data found should serve as a basis for further research in milking parlours with milking problems caused by electrical emissions.

The ethological studies were aided by video recordings providing parameters for stepping, foot-lifting and cluster-kicking during different milking phases. Furthermore, the time required for entering the milking parlour, preparation/ attaching clusters and milking as such was examined. The statistical analysis was performed with Linear Mixed Effects Models of the Statistical Programme R 1.9.1.

The evaluation of the behavioural parameters included 266 milking procedures of 133 animals, one in the evening and morning each. The evaluation of time require-ments is based on the milking of 310 cows in the evening and 315 in the morning time.

The investigation came to the following results: In the morning the cows needed sig-nificantly longer to enter the milking parlour than in the evening. There is also a trend of different entering times between the two parlour types. On average entering tan-dem parlours took 18 seconds which is 5 seconds more than entering herringbone parlours.
Foot-lifting while waiting, occured more frequently in the evening than in the morning. More significant, however, was the greater frequency of foot-lifting in herringbone than tandem milking parlours.

In the evening, foot-lifting during attaching clusters occured significantly more often in herringbone than in tandem parlours.

In the evening foot lifting during milking was significantly more frequent than in the morning. The parameter for stepping during milking shows a much greater difference between evening and morning milking in milking parlours without milking problems than in problem-milking-parlours. The average milking time per cow in the morning was significantly longer than in the evening. The results also show that the difference between frequencies of cluster-kicking during the evening and morning milking in milking parlours with milking problems is significantly greater than in milking parlours without milking problems.

The investigation highlights that the most significant variations appear when evening and morning milking are compared. Significant differences between plants with and without problems could not be proven by this ethological evaluation. If problems occur during milking, detailed knowledge of the milking parlour utilised is necessary. In addition, competent milking routine, hygiene and a good relationship between humans and animals are basic requirements.

Literaturverzeichnis

Aneshansley, D.J. et al. (1992). Cow Sensitivity to Electricity During Milking. *Journal of Dairy Science 78* , S. 2733-2741.

Belo, C. et al. (2009). Milkejection disorders in Swiss dairy cows: a field study. *Journal of Dairy Research 76* , S. 222-228.

Bogner und Grauvogel . (1984). *Verhalten landwirtschaftlicher Nutztiere.* Stuttgart: Verlag Eugen-Ulmer.

Bogner, H. (1984). *Der Standort der Nutztierethologie. In: Verhalten landwirtschaftlicher Nutztiere.* Stuttgart: Verlag Eugen-Ulmer.

Brade, E. et al. (2008). Gibt es Verhaltensänderungen bei Hochleistungskühen? *Praktischer Tierarzt 89, Ausgabe 3* , S. 220-229.

Brade, W. (2001). Automatische und konventionelle Melksysteme im Vergleich. Berichte über Landwirtschaft 79 (2). S. 275-292.

Breuer, K. et al. (1997). The effect of handling on the behavioural response to humans and productivity of lactating heifers. *Proceedings of the 31st International Congress of the International Society for Applied Ethology* , S. 39.

Brönimann-Baur, R. (2007). *Milchproduktion.* Zollikofen: Landwirtschaftliche Lehrmittelzentrale.

Bruckmaier, R. (2003). Cronic oxytocin treatment causes reduced milk ejection in dairy cows. *Journal of Dairy Research 70* , S. 123-126.

Bruckmaier, RM et al. (1992). Aetiology of disturbed milk ejection in parturient primiparous cows. *Journal of Dairy Research 59* , S. 479-489.

De Passillé et al. (2005). Can we measure human-animal interactions on on-farm animal welfare assessment? Some unresolved issues. *Applied Animal Behaviour Science 92* , S. 193-209.

Eicher, S. et al. (2007). Prepartum milking effects on parlour behaviour, endocrine and immune response in Holstein heifers. *Journal of Dairy Research 74* , S. 417-424.

Feist. (23. Juli 2004). Untersuchungen zum Schmerzausdrucksverhalten bei Kühen nach Klauenoperationen. *Dissertation* . München.

Fübekker, A., & Kowalewski, H. (2006). Milchviehhalter planen für die Zukunft. *Land und Forst (22)* , S. 34-36.

Göft, H. D. (1994). *Untersuchungen zur züchterischen Verwendung der Melkbarkeit beim Rind unter Berücksichtigung von Milchflußkurven.*

Göft, H. (1991). *Untersuchungen zur Präzisierung der Milchabgabeparameter von Kühen unter besonderer Berücksichtigung des Verlaufs von Milchflußkurven, Dissertation.* Technische Universität München.

Grandin, T. (1993). *Livestock handling and transport.* CAB International, Wallingford, Oxon.

Gravert, H. (1988). Automation in milk production. *Proceeding of the EAAP Symposium of the Commissions on animal management and health and cattle production 40*, (S. 3-10).

Gross, W.B. et al. (1982). Socialization as a factor in resistance to infection, feed efficiency, and response to antigen in chickens. *American Journal of Veterinary Research 43 (11)* , S. 2010-2012.

Gygax, L. et al. (2007). Restlessness behaviour, heart rate and heart-rate variability of dairy cows milked in two types of automatic milking systems and auto-tandem milking parlours. *Applied Animal Behaviour Science* .

Hagen, K. (2004). Milking of Brown Swiss and Austrian Simmental cows in a herringbone parlour or an automatic milking unit. *Applied Animal Behaviour Science 88* , S. 209-225.

Hanna, B. (2001). Effects of the stockperson on dairy cow behaviour and milk yield. *Animal Science 82* , S. 791-797.

Hemsworth, P. (2003). Human-animal interactions in livestock production. *Applied ANimal Behaviour Science* , S. 185-198.

Hemsworth, P.H., Coleman, G.J. (1998). *Human-Livestock Interactions: The Stockperson and the Productivity and Welfare of Intensively-farmes Animals.* CAB International, Oxon, UK.

Hemsworth, P.H., et al. (1989). The effect of handling by humans at calving and during milking on the behaviour and milk cortisol concentrations of primiparous dairy cows. *Applied Animal Behaviour Science* , S. 22, 313-326.

Henke, D.V. et al. (1985). Milk production, Health, Behavior, and Endocrine Responses of Cows Exposed to Electrical Current During Milking. *Journal of Dairy Science 68* , S. 2694-2702.

Hillerton. (2001). Performance differences and cow responses in new milking parlours. *Journal of Dairy Research 69* , S. 75-80.

Hopster, H. et al. (2002). Stress Responses during Milking; Comparing Conventional and Automatic Milking in Primiparous Dairy Cows. *Journal of Dairy Science 85* , S. 3206-3216.

Hopster, H. et al. (1998). Side preference of dairy cows in the milking parlour and its effects on behaviour and heart-rate during milking. *Applied Animal Behaviour Science Vol.50, Issues 3-4* , S. 213-229.

Hörning, B. (2008). *Auswirkungen der Zucht auf das Verhalten von Nutztieren.* Kassel.

Jones, T.; Ohnstad, I. (2002). Milking procedures recommended for the control of bovine mastitis. *In Practice 24* , S. 502-511.

Kanswohl et al. (2008). *Analyse und Bewertung von Arbeitsablauf, Arbeitsleistung, Durchsatz, Qualität der Melkbarkeit, Kosten sowie Eutergesundheit in Melkständen mit Swing Over-System.* Landesforschungsanstalt für Landwirtschaft und Fischerei Mecklenburg-Vorpommern-Institut für Tierproduktion Dummerstof.

Kanswohl, N. et al. (2007). Einfluss differenzierter Eutervorbereitungszeiten auf Melkbarkeitsmerkmale bei Milchkühen in Kuba. *Arch.Tierz.* , S. 337-347.

Kauke, M. (2005). *Lärm und Vibrationen im Melkstand- Aswirkungen auf Tier und Mensch.* Master-Thesis.

Kohler, S. (März 2011). Monitoring. *Optimierte Milchgewinnung ART-Schriftenreihe 15 3. Tänikoner Melktechniktagung* , S. 5--8.

Kohler, S. (März 2011). Monitoring. *ART-Schriftenreihe 15: 3. Tänikoner Melktechniktagung Optimierte Milchgewinnung* , S. 5-8.

Köster. (2004). *Einflüsse auf die Eutergesundheit und Verbreitung von Mastitiserregern sowie deren Resistenzlage in Brandenburger Milchviehbetrieben.* Tierklinik für Fortplanzung, Arbeitsgruppe Bestandsbetreuung und Qualitätsmanagement Freie Universität, Berlin, Dissertation.

Krömker. (2007). *Kurzes Lehrbuch Milchkunde und Milchhygiene*. Stuttgart: Parey Verlag.

Landwirtschaftskammer-Niederösterreich. (2010). Die häufigsten Melkstände im Überblick. *Die Landwirtschaft* , S. 5-13.

Lanier, J.L. et al. (2000). The relationship between sudden intermittent movements and sounds and temperament. *Journal of Animal Science 78* , S. 1467-1474.

Lefcourt, A. et al. (1986). Correlation of Indices of Stress with Intensity of Electrical Shock for Cows. *Journal of Dairy Science 69* , S. 833-842.

Lefcourt, A., & Akers, R. (1982). Endocrine Responses of Cows Subjected to Controlled Voltages During Milking. *Journal of Dairy Science 65* , S. 2125-2130.

Martensen, B.-G. (1995). *Mjölkningsstallars kapacitet : teori och praktiska studier*. Rapport - Sveriges lantbruksuniversitet, Institutionen för lantbruksteknik. 204, Uppsala .

Metz-Stefanowska, J. et al. (1992). Behaviour of cows before, during and after milking with an automatic milking system in EAAP Publication No.65., (S. 278-288). Netherlands.

Müller, U. (1998). *Entwicklung einer BLUP-Zuchtwertschätzung auf Melkbarkeit*. Dresden: Sächsische Landesanstalt für Landwirtschaft (LfL).

Neuffer, I. (2006). *Influence of automatic milking systems on behaviour and health of dairy cows*. Bad Homburg 2006: Dissertation.

Nosal et al. (2004). *Lärm und Vibrationen als Stressfaktoren beim Melken*. FAT-Bericht 625, Ettenhausen, CH.

Ordolff, D. (1984). A system for automatic teat-cup attachment. *Journal of Agricultural Engineering Research.Vol.30* , S. 65-70.

Pajor, E.A. et al. (2000). Aversion learning techniques to evaluate dairy cattle practices. *Applied ANimal Behaviour Science 69* , S. 89-102.

Pinheiro, J., & Bates, D. (2000). *Mixed-effects models in S and S-PLUS*. New York: Springer.

Porzig, E. (1969). *Das Verhalten landwirtschaftlicher Nutztiere*. VEB Deutscher LandwirtschaftsverlagBerlin.

R Development Core Team. (2004). *A language and environment for statistical computing.* Vienna: R Foundation for Statistical Computing.

Richter, T. (2006). *Krankheitsursache Haltung.* Stuttgart: Enke-Verlag.

Rieger. Physikalische und chemische Belastungen in der Nutztierhaltung.

Royal M.D. et al. (2000). Declining fertility in dairy cattle:changes in traditional and endocrine parameters of fertility. *Animal Science 70* , S. 487-501.

Rushen, J. (1995). *An Overview of Farm Animal Behavior and Its Applications.* Minister of Supply and Services, Ottawa, Canada: M.Ivan (Ed).

Rushen, J. et al. (1999). Fear of people by cows and effects on milk yield, behaviour and heart rate at milking. *Journal of Dairy Science 82* , S. 720-727.

Rushen, J. et al. (2001). Human contact and the effects of acute stress on cows at milking. *Applied ANimal Behaviour Science Vol.73* , S. 1-14.

Sambraus, H. (1978). *Nutztierethologie.* Berlin: Verlag Paul Parey.

Sambraus, H. (1991). *Nutztierkunde.* Stuttgart: Verlag EUgen-Ulmer.

Sambraus, H. S. (1997). *Das Buch vom Tierschutz.* Stuttgart: Ferdinand Enke.

Sambraus, H.H. et al. (2002). Tiergerechte Haltung von Rindern. In W. Methling, & J. Unshelm, *Umwelt- und tiergerechte Haltung von Nutz-, Heim- und Begleittieren* (S. 281-332).

Sauerwein. (2004). Stresserkennung und Stressvermeidung bei Nutztieren. *15. Wissenschaftliche Fachtagung*, (S. 1). Bonn.

Savary, P. et al. (2010). *Melkstandtechnik auf Schweizer Milchviehbetrieben-Beurteilungen aus Sicht der Praxis.ART-Bericht Nr.730.* Forschungsanstalt Agroscope Reckenholz-Tänikon ART, Ettenhausen.

Savary, P. (2009). *Probleme im Melkstand: Ursachen und Lösungsvorschläge.* Agroscope ART Tänikon.

Schön, H. W. (1997). Technik, Arbeitsorganisation und Management bei automatischen Melksystemen (AMS). *KTBL-Schrift "Automatisches Melken" 248* , S. 11-18.

Seabrook, M. (1972). The psychological interaction between the stockman and his animals and its influence on performance of pigs and dairy cows. *Veterinary Record 115* , S. 84-87.

Seabrook, M.F. et al. (2000). Stockpersons´attitudes to the husbandry of dairy cows. *Veterinary Record 147* , S. 157-160.

Tierschutzverordnung (TSchV) der Schweiz. (2011).

Tschanz, B. (1984). "Artgemäß" und "verhaltensgerecht"- ein Vergleich. *Praktischer Tierarzt 3* , S. 211-224.

Van Reenen, C.G., et al. (2002). Individual Differences in Behavioral and Physiological Responsiveness of Primiparous Dairy Cows to Machine Milking. *J. Dairy Sci. 85* , S. 2551-2561.

Venables, W. N.; Ripley, B.D. (2002). *Modern applied statistics with S, fourth edition.* Springer: New York.

Volkswirtschaftdepartement, E. (23. November 2005). Verordnung des EVD über die Hygiene bei der Milchproduktion. Schweiz.

Waiblinger, S. et al. (2003). Influences on the avoidance and approach behaviour of dairy cows towards humans on 35 farms. *Applied ANimal Behaviour Science Vol.84, Issue 1* , S. 23-39.

Waiblinger, S. et al. (2002). The relationship between attitudes, personal characteristics and behaviour of stockpeaople and subsequent behaviour and production of dairy cows. *Applied Animal Behaviour Science Vol.79* , S. 195-219.

Wandel, H. (1999). Laufflächen für Milchvieh – Anforderungen, Auswahl, Erneuerungen. *Fachtagung Landtechnik und Landwirtschaftliches Bauwesen* , S. 105-122.

Ward, W. (1990). Lameness and Fertility. Update in Cattle Lameness. *Proceeding of the Sixth International Symposium Diseases of the Ruminent Digit. British Cattle Veterinary Association* , S. 232-236.

Webster, A. (1983). Environmental stress and the physiologie, performance and health of ruminants. *Journal of Animal Science* , S. 1584-1593.

Wechsler, B; Oester, H. (1998). Das Prüf- und Bewilligungsverfahren für Stalleinrichtungen. *Agrarforschung 5* , S. 321-324.

Weiss, D. ; Bruckmaier, R.M. (2005). Optimization of Individual Prestimulation in Dairy Cows. *Journal of Dairy Science 88* , S. 137-147.

Wenzel, C. (2002). Das Verhalten von Milchrindern unter dem Einfluss elektromagnetischer Felder. *Praktischer Tierarzt 83, Heft 3* , S. 260-267.

Wenzel, C. (2003). Studies on step-kick behavior and stress of cows during milking in an automatic milking system. *Livestock Production Science 83* , S. 237-246.

Wenzel, C. (1999). *Untersuchungen zum Verhalten und zur Belastung von Milchrindern beim Melken in einem automatischen Melksystem. Dissertation.* München.

Willis, G. (1983). A possible relationship between the flinch, step and kick rsponse and milk yield in lactation cows. *Applied Animal Ethology 10* , S. 287-290.

Worstorff, H. et al. (1997). Zum Elnfluss maschineller Vorstimulation auf die Milchabgabe unter besonderer Berücksichtigung von Pulsierung und Anrüstdauer. *Milchwissenschaft 52* , S. 183-183.

Worstorff, H.; Fischer, R. (1996). Verbesserungen in der Aufzeichnung und Auswertung von Milchflusskurven. *Milchwissenschaft 51* , S. 663-671.

Würkner, H. (2002). *Bewusstes Melkmanagement, der Schlüssel zu stabiler Eutergesundheit.* BAL Gumpenstein.

Anhang

Blatt 1:

Excel-Tabelle für Eingabe Verhaltensparameter anhand Videoaufzeichnung

DAT	MV	NR	B Kürz	MG	BOX	K	KENN	R	TOR A	16:52:50	KUH R	16:52:52	D1	0:00:02	MB	16:54:56	ME	17:01:01
26.08.2009	1	1	B1T2W	1	1	1	0128	HOL		MELK2								
Blatt	B							Zeit	54:56	55:56	56:56	57:56	58:56	59:56	00:56			

I		II	16:54:12	III		IV	Min	1	2	3	4	5	6	7
FR	1	KÖRP	KÖN	KÖRP	KÖN	KÖRP	KÖN							
RUF			KÖL S		KÖL S		KÖL S							
SE			KÖS S		KÖS S		KÖS S							
SZ			KÖZ		KÖZ		KÖZ							
ZUG			SEK		SEK		SEK	0	0	0	0	0	0	0
SONS		SCHW	SL	SCHW	SL	SCHW	SL							
			SSCH		SSCH		SSCH	0	0	0	0	0	0	0
			BMT		BMT		BMT	0	0	0	0	0	0	0
			BTRI	1	BTRI		BTRI	2	1	0	2	1	2	0
			BHE V		BHE V		BHE V							
			BHE H		BHE H		BHE H	1	1	0	1	0	0	0
		BEIN	BWI	BEIN	BWI	BEIN	BWI	0	0	0	0	0	0	0
			BMZ TIP		BMZ TIP		BMZ TIP							
			BMZ SCH		BMZ SCH		BMZ SCH	2	0	0	2	2	2	0
			BMZ RU		BMZ RU		BMZ RU	0	0	0	0	0	0	0
		DEF	K	DEF	K	DEF	K	0	0	0	0	0	0	0
			H		H		H	0	0	0	0	0	0	0
			KO		KO		KO							
		KOPF	KN	KOPF	KN	KOPF	KN							
			KU		KU		KU							
			W		W		W							
			OSP		OSP		OSP							
		OHR	OV	OHR	OV	OHR	OV							
			OM		OM		OM							
			OH		OH		OH							
			AZU		AZU		AZU							
		AUG	A 1/2	AUG	A 1/2	AUG	A 1/2							
			AO		AO		AO							

Blatt 2:

a) Beispielbild für Betrieb ohne Melkprobleme (Gruppen-Melkstand)

b) Aufzeichnungsmaterial

Blatt 3:

a) Beispielbild für Betrieb mit Melkproblemen

b) Beispielbild für Problem-Betrieb

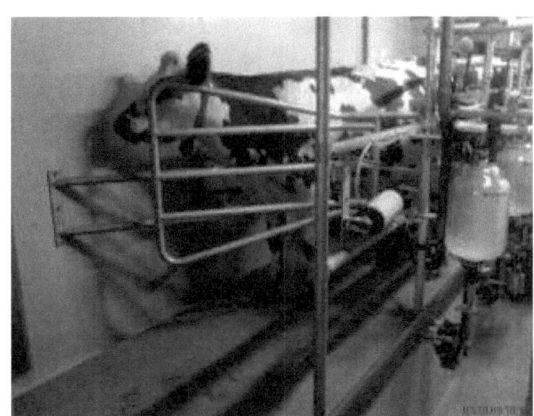